Word Excel PPT

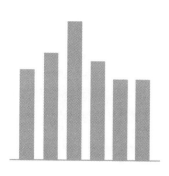

2016办公应用

从入门到精通②

精 进 工 作

龙马高新教育◎编著

北京大学出版社
PEKING UNIVERSITY PRESS

内 容 提 要

本书以案例的形式生动地介绍了 Word/Excel/PPT 2016 软件使用的高级技巧及 Office 高手的成功经验，并创新性地披露了移动办公和职场经验。

本书分为 5 篇，共 20 章。第 1 篇"Word 篇"主要介绍 Word 高手的标准、高级文字处理技法、简单又出彩的图片处理技法、表格处理高级技法以及自动编号技巧，特别讲解了"样式"高级技法，为长文档排版提供了捷径；第 2 篇"Excel 篇"主要介绍原始表格设计之道、图表生成之道、数据透视表生成之道、常用函数以及自动化编程 VBA，特别是对原始表格设计的理论知识的讲解，揭秘了高效 Excel 办公的根源；第 3 篇"PPT 篇"主要介绍谋篇布局之道、视觉设计之美与演讲管理之术；第 4 篇"移动办公篇"主要介绍高效人士如何利用手机管理人脉、利用云空间存储重要信息以及使用软件代替记事本；第 5 篇"职场篇"主要介绍职场新人如何能巧用 Office 高级技巧解决现实工作中的问题。

本书附赠资源丰富，随处可见的二维码，真正做到拿着手机看操作步骤，拿着书学理念；免费下载的 APP，可以"问专家""问同学""晒作品"，还能看更多的教学视频。

本书适合有一定电脑办公基础并想快速提高工作效率的读者学习使用，也可作为电脑办公培训班高级班的教材。

图书在版编目（CIP）数据

Word/Excel/PPT 2016 办公应用从入门到精通 .2，精进工作 / 龙马高新教育编著 . — 北京：北京大学出版社，2017.9

ISBN 978-7-301-28644-9

Ⅰ . ① W… Ⅱ . ① 龙… Ⅲ . ① 办公自动化 — 应用软件 Ⅳ . ① TP317.1

中国版本图书馆 CIP 数据核字 (2017) 第 194226 号

书　　　名	WORD/EXCEL/PPT 2016 办公应用从入门到精通 2（精进工作） WORD/EXCEL/PPT 2016 BANGONG YINGYONG CONG RUMEN DAO JINGTONG 2
著作责任者	龙马高新教育 编著
责 任 编 辑	尹毅
标 准 书 号	ISBN 978-7-301-28644-9
出 版 发 行	北京大学出版社
地　　　址	北京市海淀区成府路 205 号　100871
网　　　址	http://www. pup. cn　　新浪微博：@ 北京大学出版社
电 子 信 箱	pup7@ pup. cn
电　　　话	邮购部 62752015　发行部 62750672　编辑部 62580653
印 刷 者	北京大学印刷厂
经 销 者	新华书店
	787 毫米 ×1092 毫米　16 开本　21 印张　551 千字
	2017 年 9 月第 1 版　2017 年 9 月第 1 次印刷
印　　　数	1—4000 册
定　　　价	49.00 元

前　言

📖 你离职场达人只差一书之遥

小 A 从不加班，天天约会，却能又快又好地完成工作任务。

小 B 平时很悠闲，却能得到老板的赏识。

他们有什么独门秘籍？

📖 本书有什么

💡 有技巧

本书有技巧，全部是精选的高级实用技巧。平时需要好几天的工作，现在分分钟就能搞定。

💡 更有方法

本书不光有技巧，更有方法。方法就像指路灯塔，为你指引方向。

例如学 Word，要想排版高效，必须要学好样式，而这一点往往会被忽略。敬请翻阅【Word 篇】；

学 Excel，只有学好了数据库设计基础知识，才能设计好表格，打好根基，实现高效。你可能看到别人分分钟就能生成一个复杂而实用的汇总表，却不知道他背后的故事。他设计的表格也许和你的完全不同。敬请翻阅【Excel 篇】；

你要学 PPT，感染力才是重点。也许你会设计酷炫转场效果，也许你很会色彩搭配，但缺乏感染力，终究不会被好评，敬请翻阅【PPT 篇】；

你要成为技术达人，就不可不学点手机办公知识，敬请翻阅【移动办公篇】；

你想在职场游刃有余，职场经验和人际关系就是必修课，敬请翻阅【职场篇】。

📖 我能学会吗

本书有技巧，更有方法，肯定高大上，我能学会吗？

1. 本书全部以案例形式展示，步骤清晰明了。一步一图，轻松学会。

2. 独创竖屏手机高清视频，真正实现拿着手机看步骤，捧着书本学理论。

3. 有不会的问题？随书赠送 App 来帮忙，你完全可以"问同学""问专家"，搞定问题 So Easy！

📖 加薪升职手伴

本书经过大量调研，收录了十几个典型职场精英的经验、技巧与方法，分享给大家。祝大家学习愉快，加薪升职成功！

📖 获取完整素材包

在阅读本书之前，可以前往 http://v.51pcbook.cn/download/28644.html 下载本书完整素材和结果文件包，以方便边学边操作。

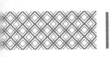
扫一扫，更神奇

使用微信、QQ及浏览器中的"扫一扫"功能，扫描书中二维码，即可获取相应的学习资源，让你的学习更轻松。

用户可以扫描下方二维码下载龙马高新教育手机APP，用户可以直接安装到手机中，随时随地问同学、问专家，尽享海量资源。同时，我们也会不定期向你手机中推送学习中常见难点、使用技巧、行业应用等精彩内容，让你的学习更加简单有效。

后续服务：QQ 群（218192911）答疑

下载链接已失效？书中内容看不懂？

本书为了更好地服务读者，专门设置了QQ群为读者答疑解惑，读者在阅读和学习本书过程中可以把遇到的疑难问题整理出来，在"办公之家"群里探讨学习。另外，群文件中还会不定期上传一些办公小技巧，帮助读者更方便、快捷地操作办公软件。"办公之家"的群号是218192911。

创作者说

本书由龙马高新教育编著。刘华任主编，李岚、王锋任副主编。其中郑州航空工业管理学院刘华老师负责编写第1~6章，河南工业大学李岚老师负责编写第7~11章，河南工业大学王锋老师负责编写第12~20章。参与本书编写、资料整理、多媒体开发及程序调试的人员有周奎奎、张田田、黄月等。

编写过程中，编者竭尽所能地为读者呈现最好、最全的实用功能，但仍难免有疏漏和不妥之处，敬请广大读者不吝指正。若读者在学习过程中产生疑问，或有任何建议，可以通过E-mail与我们联系。

我们的电子邮箱是：pup7@pup.cn

读者信箱：2751801073@qq.com

目录
CONTENTS

第1篇 Word篇

第1章 怎样才算 Word 高手

什么是高手？高手就是，同样一个文档，你比别人做得快、比别人做得漂亮，其他人就喜欢看你做的，高手从不加班！

第2章 高手都在用的文字处理技法

文字处理表面看似简单，实际却深藏玄机。不懂这些文字处理技法，妄为 Word 高手！

第3章 简单又出彩的图片处理技法

图片，是一门艺术，就像大多数爱美的女孩喜欢自拍一样，制作文档也希望使用的图片最美。本章就来介绍如何让图片既简单又出彩。

第4章 表格处理高级技法

表格大家肯定不会陌生，但制作的表格，自己满意吗？组长满意吗？经理满意吗？客户满意吗？如果不行，不妨先来看看高手是如何处理表格的。

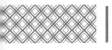
第 5 章 高手排版杀手锏——样式

Word 样式操作起来很简单，不难，但你使用样式却会把长文档搞得很乱，像一记重拳打在棉花上，感觉力不从心？那么不妨看看高手是如何使用样式这个杀手锏的。

第 6 章 彻底学会自动编号

自动编号很实用，有时却又让人很头疼，感觉自动编号很"鸡肋"，食之无味，弃之可惜。不用怕，那只是中了自动编号引起的"幻觉"而已！现在，解药来了。

第 2 篇　Excel 篇

第 7 章　神奇的 Excel

Excel 具有良好的向前兼容特性，每一次升级都能带来新的功能，但总能遇到输入数据效率低、数据出错等问题，这些就像魔术，了解真相，就没那么神奇，本章就来揭开 Excel 的神秘面纱。

第 8 章　原始表格设计之道

很多"表哥""表姐"都会惊讶于 Excel 的很多功能，即便潜心学习，学到的技巧仍不能用在自己的报表中。其实，很多时候，原因在于表格在设计之初就存在了很多不合理、不规范的地方，原始表格的设计之道，这可比技巧重要得多。

第 9 章 图表生成之道

工作表中的数据用图形表示就是图表。图的形状与数据表中的数据相链接，工作表中的数据源发生变化时，图中对应的形状也可以自动更新。图离不开表，表可以用图展示。

第 10 章 数据透视表生成之道

只要通过简单的公式计算，合理运用函数，甚至在拖曳、单击选择之间就能自动、快速、高效、轻松地处理和分析数据，这才是真正的数据透视表生成之道。

第 11 章 3 个函数走天下与懒人神器 VBA

如果多学些函数、再稍懂点儿 VBA，就能把复杂计算简单化、分析处理自动化、日常办公高效化，奇迹也会

在你身上发生。

第 3 篇 PPT 篇

第 12 章 谋篇布局之道

制作 PPT，要掌握 PPT 的谋篇之道，也就是首先要知道自己想要一个什么样的 PPT，理清自己的思维，构建自己的逻辑，这样才能在 PPT 中展示自己的风格。

第 13 章 视觉设计之美

怎样的设计才能使 PPT 更出彩，更能吸引观众的注意力，除了谋篇之外，莫过于视觉效果了。协调的配色，与众不同的字体、图片、图表、图形、动画效果定能突出视觉设计之美。

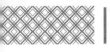
第 14 章 演讲管理之术

要做好一个演讲，首先要筹备好演讲，然后进行排练，并调整心态，做好现场准备，这样才能在正式的演讲场合中展示自己的风格和魅力。

第 4 篇 移动办公篇

第 15 章 让朋友遍布天下的朋友圈经营术

什么资源是取之不尽，用之不竭的？什么投资得到的回报是无价的？什么是世界上最珍贵的资源？当然是好朋友！下面就来看看让朋友遍布天下的经营术吧。

第 16 章 保护你的文件永不丢失——云存储

云存储是互联网存储工具，通过互联网为企业和个人提供信息的储存、读取、下载等服务，具有安全稳定、海量存储的特点，保护你的文件永不丢失。

第 17 章 记录工作全程的利器——印象笔记

现在的人总感觉自己很忙，时刻在提醒自己，现在要做什么，之后做什么，明天做什么，未来几天做什么，但又好像不知道真正在忙什么。为此，向大家推荐一款记录工作全程的利器——印象笔记，改变你的工作习惯，让你的工作和生活井然有序、轻松愉悦。

第 5 篇 职场篇

第 18 章 职场新人修炼秘籍

初入职场，都想要大展身手，想要在职场混得风生水起，然而现实却总是给我们当头一棒。都说职场如战场，知己知彼方能百战百胜，所以你需要掌握职场新人修炼秘籍，来助你一臂之力。

第 19 章 如何在职场快速成长

职场新人要时刻保持积极进取、用于探索的心态，安排好自己的任务，避免拖延症，提高工作效率，与周围的人和平相处、有效沟通，才能在职场中快速成长。

第 20 章 巧用"职场工具箱"，工作"通关"So Easy

Office、邮箱、手账、任务清单等都是职场新人的好帮手，工欲善其事必先利其器，巧用这些"职场工具箱"，你的工作才会"通关"So Easy！

第**1**篇

　　本篇主要介绍 Word 相关知识。通过本篇的学习，读者可以了解使用 Word 的相关技法，学习文字、图片、表格的处理技法及排版样式和自动编号等操作。

第1章

怎样才算 Word 高手

🔵 本章导读

怎么检验一个人是不是 Word 高手呢？不妨先来回答几个问题。

1. 在文档中你是怎样进行分页操作的？
2. 文本位置对不齐，你能解决吗？
3. 页面大小不一致，该如何是好？
4. 怎么用的排版流程才专业，你知道吗？

📮 思维导图

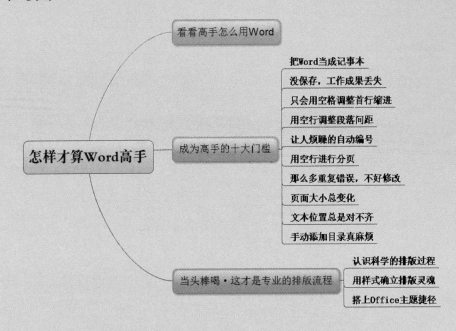

1.1 看看高手怎么用 Word

1. 你会选择文本吗

（1）选择整段文本：在文档某一段落的任何一个位置三击鼠标左键。

> 时间是有限的，同样也是无限的，有限的是每年只有三百六十五天，每天二十四小时，但他周而复始的在流逝。人生匆匆不过几十个春秋，直至老去的那天，时间还是那样，每一分每一秒的在走，像是无限的一样，但它赋予我们每个人的生命是有限的。
>
> 做人就要有目标，干一翻轰轰烈烈的事业，就算没

（2）选择整句：按住【Ctrl】键，然后在句子中单击鼠标左键。

> 时间是有限的，同样也是无限的，有限的是每年只有三百六十五天，每天二十四小时，但他周而复始的在流逝。人生匆匆不过几十个春秋，时间还是那样，每一分每一秒的在走，像是无限的一样，但它赋予我们每个人的生命是有限的。
>
> 做人就要有目标，干一翻轰轰烈烈的事业，就算没

（3）选择垂直文本：按住【Alt】键并垂直拖动鼠标。

> 时间是有限的，同样也是无限的，有限的是每年只有三百六十小时，但他周而复始的在流逝。人生匆匆不过几十个春秋，直至老去的那天，时间还是那样，每一分每一秒的在走，像是无限的一样，但它赋予我们每个人的生命是有限的。
>
> 做人就要有目标，干一翻轰轰烈烈的事业，就算没有成功，回过头来仔细想想看，至少自己努力去做过，没有浪费时间，更没有虚度光阴。正所谓"一寸光阴一寸金，寸金难买寸光阴"，钱是一分一分挣来的，浪费了多少时间就等于是浪费了多少金钱。所以每一天，每一小时，每一分钟都很有价值。

2. 你会输入特殊字符吗

单击【插入】→【符号】组→【符号】→【其他符号】，出现如下图所示的对话框。

然后，就可以挑选想要添加的符号了。

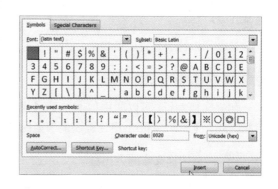

3. 添加随机文本

Word 里还有个文本排版功能，可以在文档的任何位置填充文本内容。

输入 =rand(m ,n)，按【Enter】键，就可以获得 "n" 行 "m" 段的虚拟段落。

例如，输入 "=Rand(6,3)"，按【Enter】键，就可以获得每段 3 行、一共 6 段的虚拟段落。

> 视频提供了功能强大的方法帮助您证明您的观点。当您单击联机视频时，可以在想要添加的视频的嵌入代码中进行粘贴。您也可以键入一个关键字以联机搜索最适合您的文档的视频。
>
> 为使您的文档具有专业外观，Word 提供了页眉、页脚、封面和文本框设计，这些设计可互为补充。例如，您可以添加匹配的封面、页眉和提要栏。单击"插入"，然后从不同库中选择所需元素。
>
> 主题和样式也有助于文档保持协调。当您单击设计并选择新的主题时，图片、图表或 SmartArt 图形将会更改以匹配新的主题。当应用样式时，您的标题会进行更改以匹配新的主题。
>
> 使用在需要位置出现的新按钮在 Word 中保存时间。若要更改图片适应文档的方式，请单击该图片，图片旁边将会显示布局选项按钮。当处理表格时，单击要添加行或列的位置，然后单击加号。
>
> 在新的阅读视图中阅读更加容易。可以折叠文档某些部分并关注所需文本。如果在达到结尾处之前需要停止读取，Word 会记住您的停止位置 - 即使在另一个设备上。
>
> 视频提供了功能强大的方法帮助您证明您的观点。当您单击联机视频时，可以在想要添加的视频的嵌入代码中进行粘贴。您也可以键入一个关键字以联机搜索最适合您的文档的视频。

> **｜提示｜**
>
> 如果你只是想测试这个功能，最好用一个新的 Word 文档来试试看。

4. 加强版"剪贴板"功能，不再一次次搬运

Word 文档还有个非常厉害的 Spike 功能，能够剪切或者移动不同位置的文本图片到同一个目的地。

选中所需要的文字、图片或者其他对象，按【Ctrl+F3】组合键将它们收入 Spike 的剪贴板中，然后按【Ctrl+Shift+F3】组合键，之前选中的所有对象就已经到达最终目的地了。

这个可以快速整理段落中心，大家可以试一下。

5. 快速移动、返回编辑

如果文档太长，可以利用【Shift+F5】组合键，光标会在最常使用的几个编辑位置来回跳转。除此之外，【Shift + F5】组合键还能够返回最近的一个编辑点。

6. 随意切换文本的大小写

选中所需文本，按【Shift +F3】组合键，可以随意切换选中文本的大小写，或者切换单词首字母的大小写了。

如果不小心开启了大写锁定键，导致整篇文章都是大写字母，【Shift +F3】组合键可帮你快速解决问题。

7. 在文档的任何位置输入文字

Word 是一个合格的空白笔记本，在想要书写的地方双击鼠标，就可以尽情地书写。如下图所示，光标所在的位置即为随意编辑的位置。

8. 转换为纯文本

当从网上粘贴一些文档时，文档的格式也会被复制保留下来，此时，在目标位置单击鼠标右键，在弹出的快捷菜单中单击 ⬚A，粘贴过来的就只有纯文本内容了。

9. 不用复制粘贴也能移动文本

在大家都在使用【Ctrl+X】与【Ctrl+V】进行文本的移动时，我们用一个"高端、大气、上档次"的方式来移动文本：选中要移动的文本，按【F2】键（此时被选中的文本在闪烁），然后把光标移动到想移动到的位置后，按【Enter】键，就成功完成了。

10. 隐藏的 Word 计算器功能

作为一个笔记本，还要处理一些基本的算数运算问题，不用切换到计算器或者 Excel，Word 里隐藏的计算器就能直接得出计算结果。

但是这个计算器在使用之前需要先进行设置。

在快速访问工具栏上右击，在弹出的快捷菜单中选择【其他命令】，弹出【Word 选项】对话框。在【从下列位置选择命令】下拉列表中，选择【不在功能区中的命令】，在其下拉列表中找到并单击【计算】，再单击【添加】按钮。

试着在文档中输入"1+2+3"，然后选中"1+2+3"，单击左上角的【计算】按钮，会在窗口的左下角出现计算结果。

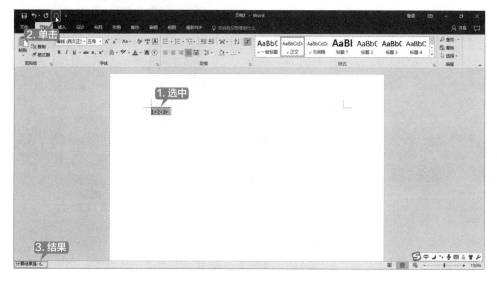

1.2 成为高手的十大门槛

1.2.1 把 Word 当成记事本

Word 2016 主要实现文档的处理，具有强大的编辑、排版和审阅功能。

切忌把 Word 当成记事本。

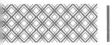

1.2.2 没保存，工作成果丢失

如何找回因未保存而丢失的文档?
单击【文件】→【信息】→【管理文档】→【恢复未保存的文档】选项。

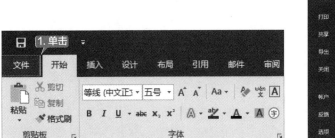

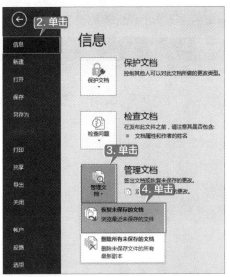

然后在弹出的【打开】对话框中找到想要恢复的文档，再单击【打开】按钮就可以了。

好了，没保存的文档确实恢复了，可是，要如何防止文档丢失呢?

首先，最最简单的方法是大家养成良好的习惯，完成小部分内容的时候，使用【Ctrl+S】组合键或者单击左上角的 ⊟ 按钮，及时保存文档。

除了这种人工方法，还有计算机智能的保存方法。

单击【文件】→【选项】→【保存】选项，选中设置"保存自动恢复信息时间间隔"和"保留自动保留版本"，还可以根据自己的需要设置时间间隔，最后单击【确定】按钮保存设置。

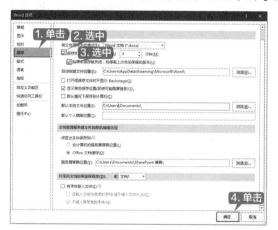

如果担心计算机坏了，可以通过云盘保存，注册一个属于自己的账号，把文档保存在云端，随时随地都能用。依次单击【文件】→【共享】→【保存到云】按钮进行保存。

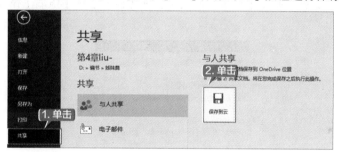

1.2.3 只会用空格调整首行缩进

在编写文档的时候，每个段落首行要缩进两个字符，可以按两次空格键。更方便的是按照下面的方法操作。

单击【布局】→【段落】组的右下角的箭头，会弹出【段落】对话框。

也可以选中文本后，单击鼠标右键，在弹出的快捷菜单中单击【段落】，调出【段落】对话框进行设置。

1.2.4 用空行调整段落间距

你还在用空行调整段落间距吗？其实更便捷的是使用下面的方法。

打开【段落】对话框，找到【缩进和间距】，在【段前】和【段后】微调框中输入合适的数据即可。

1.2.5 让人烦躁的自动编号

在 Word 中，如果段落以符号（如 n、l）或者数字（如"1."" 1、"，数字后必须有其他符号）开始，Word 就会以项目符号或者编号的形式开始下一个段落。

但有时并不需要自动添加项目符号或编号，却又取消不掉；或者添加项目符号或编号后，原本整齐的段落样式变乱了，让人又着急又无可奈何。可以采用以下方法来处理。

（1）需要时显示编号，不需要时手动停止编号。

在使用自动编号的过程中，如果后方的段落暂时不需要依次编号，只需要按两次【Enter】键，即可取消 Word 的自动编号。

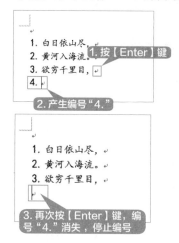

编号消失后，输入一段正文内容，如果下方的内容又需要重新继续编号，可以直接

输入编号"4."及正文内容，按【Enter】键即可。

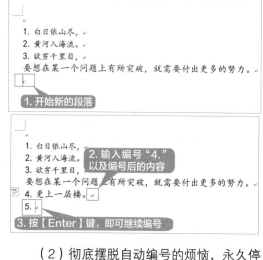

（2）彻底摆脱自动编号的烦恼，永久停止编号。

在 Word 2016 界面执行【文件】→【选项】→【校对】→【自动更正选项】→【键入时自动套用格式】命令，撤销选中【自动项目符号列表】和【自动编号列表】复选框，单击【确定】按钮即可永久停止自动项目符号和编号。

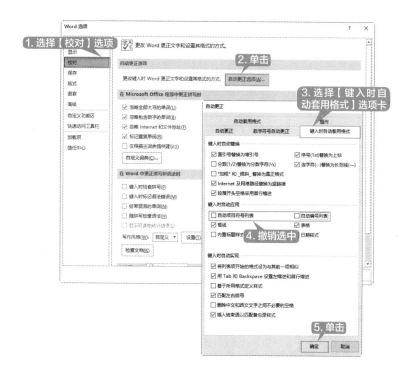

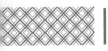

在自动添加编号后，单击显示的【自动更正选项】按钮，在弹出的下拉列表中包含 3 个选项，也可以执行相应的命令。

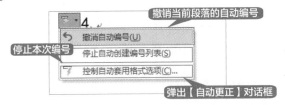

（3）为选择的段落快速添加编号。

如果停止了自动编号，依靠手动输入编号会是一件很麻烦的事情，而 Word 2016 提供了编号功能，可以为所选段落添加编号。

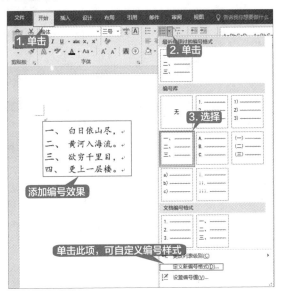

（4）更改编号设置，使段落样式更工整。

如果编号和文字之间空隙太大，看起来不美观；如果文字有几行，有时段落的缩进也会改变，使文档看起来杂乱，这时就可以通过更改编号设置，使文档整齐、美观。

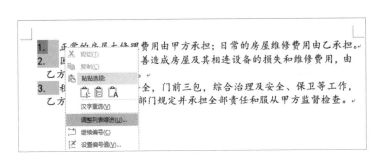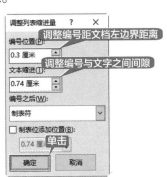

1.2.6 用空行进行分页

用空行分页不仅麻烦，而且如果前面有改动，后面就乱了！其实 Word 本身自带分页功能。

单击【插入】→【页面】组→【分页】按钮，就可以结束本页内容并且直接跳到下一页。

现在光标确实是跳转到下一页了，可是往上拉看不到分页符，只需要单击【开始】→【段落】组→【显示 / 隐藏编辑标记】按钮，分页符就显示出来了。

如果想再次隐藏分页符，单击【显示 / 隐藏编辑标记】按钮即可。

如果发现分页符用错了位置，却删不掉？把光标移动到分页符前面，按【Delete】键即可（记得把光标放在分页符前面）。

1.2.7 那么多重复错误，不好修改

有一天，你做了一个文档，交给经理看了，经理对你说：你看你，文档中对对方的称呼全是"你"，显得多没礼貌，把"你"字全部改成"您"！

可是，你发现好多个"你"字需要改啊，一个一个改吗？那你今天可能就要加班了……那要怎么做呢？（素材文件 \ch01\ 替换 .docx）

> 位置对于某些类型的企业来说至关重要，而对其他类型的企业而言则不是那么重要。↓
> 如果你的企业不需要考虑特定的位置，这可能是一个优势，应在此处明确地说明。↓
> 如果你已经选择位置，请描述要点。你可以使用下一项中概括的因素作为指导，或者介绍对你的企业来说十分重要的其他因素。↓
> 如果你尚未确定位置，请描述确定某个地点是否适合你的企业的主要标准。·↓
> 考虑以上示例（请注意，这不是一份详尽的清单，你可能还有其他考虑事项）：↓
> 你在寻找什么样的场所，地点在哪里？从市场营销角度来讲，有没有一个特别理想的区域？必须要在第一层楼吗？如果答案是肯定的，那么你的企业必须处在公共交通便利的地带吗？↓
> 如果你正在考虑某个特定的地点或者正在对比几个地点，下面几点可能很重要：交通是否便利？停车设施是否完善？街灯是否足够？是否靠近其他企业或场地（可能会对吸引目标客户有所帮助）？如果是一个店面，它够不够引人注意，或者必须怎么做才能使它吸引目标客户的注意？↓
> 如果可以为你的企业建立标识：本地法令中是否有可能对你有负面影响的规定？哪种类型的标识最能满足你的要求？你是否将标识成本纳入了启动成本费用？↓

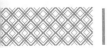
单击【开始】选项卡中【编辑】组中的【替换】按钮。

然后在弹出的【查找和替换】对话框中，在【查找内容】栏里输入"你"，在【替换为】栏里输入"您"，最后单击【全部替换】按钮。

看看，是不是一下子把所有的"你"，全改成了"您"？

位置对于某些类型的企业来说至关重要，而对其他类型的企业而言则不是那么重要。↓
如果您的企业不需要考虑特定的位置，这可能是一个优势，应在此处明确地说明。↓
如果您已经选择位置，请描述要点。您可以使用下一项中概括的因素作为指导，或者介绍对您的企业来说十分重要的其他因素。↓
如果您尚未确定位置，请描述确定某个地点是否适合您的企业的主要标准。↓
考虑以上示例（请注意，这不是一份详尽的清单，您可能还有其他考虑事项）：↓
您在寻找什么样的场所，地点在哪里？从市场营销角度来讲，有没有一个特别理想的区域？
必须要在第一层楼吗？如果答案是肯定的，那么您的企业必须处在公共交通便利的地带吗？↓
如果您正在考虑某个特定的地点或者正在对比几个地点，下面几点可能很重要：交通是否便利？停车设施是否完善？街灯是否足够？是否靠近其他企业或场地（可能会对吸引目标客户有所帮助）？如果是一个店面，它够不够引人注意，或者必须怎么做才能使它吸引目标客户的注意？↓
如果可以为您的企业建立标识：本地法令中是否有可能对您有负面影响的规定？哪种类型的标识最能满足您的要求？您是否将标识成本纳入了启动成本费用？↓

1.2.8 页面大小总变化

有时候打开 Word 文档，发现页面大小跟之前的不一样，连字都变小了。难道是系统程序出现问题了？不是的，千万别用增大字号来解决问题，那只能治标不治本，其实，这只是页面显示比例的问题。用鼠标拖动右下角的比例即可。

除了用缩放滑块调整之外，还可以按住键盘上的【Ctrl】键，然后上下滑动鼠标滑轮，向上滚动滑轮，页面显示增大，向下滚动滑轮，页面显示缩小。

你可以看看【50%】和【100%】的区别。

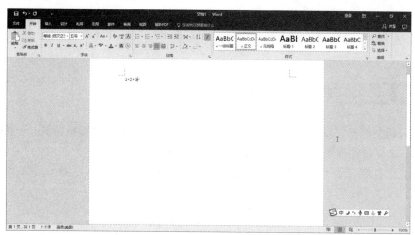

1.2.9 文本位置总是对不齐

文本上下行明明就差一点，总是对不齐。其实这是前后文本格式不对的问题，那么该怎么办呢？

选中需要对齐的文本，在【开始】→【段落】组中，可以找到一系列对齐按钮。根据需要选择一种对齐方式即可。

也可以单击【段落】组右下角的小箭头，在弹出的【段落】对话框中，单击【常规】组中【对齐方式】下拉列表，从中选择需要的对齐方式。

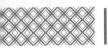

Word/Excel/PPT 2016
办公应用从入门到精通 2（精进工作）

1.2.10 手动添加目录真麻烦

编辑完一篇文档竟然发现还要求要带有目录，还要找好页码，添加空白页，一点一点对齐，手动码目录，这样操作很烦琐，怎样才能快速添加目录呢？

首先，我们需要告诉 Word 哪些文字是标题，哪些是一级标题等。建议在编辑文档时，先选择好样式。

其次，标题设定完成后，将光标移动到文档最前，单击【引用】→【目录】选项，在弹出的下拉菜单中，选择一种你需要的目录样式。

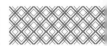

也可以在【自定义目录中】设置自己满意的目录格式。

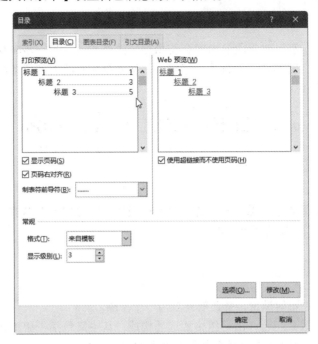

选择完成后，单击【确定】按钮，目录就会在光标处生成。

1.3 当头棒喝·这才是专业的排版流程

排版，才是 Word 的核心内容。一篇文档的好坏，不在于你输入了多少文字，添加了多少图片，关键在于，各种内容的色彩搭配和摆放，也就是排版！

1.3.1 认识科学的排版过程

作为时下常用的 Office 办公软件，掌握好 Word 已经成为一个必不可少的技能。

可以用 Word 中内容进行字体、字号、字体颜色等设置；可以对于整个段落则可以进行首行缩进、段前段后间距设置等；可以突出显示文本，加入下画线、插入页眉页脚及页码。还可以用 Word 进行排版，如下图所示。

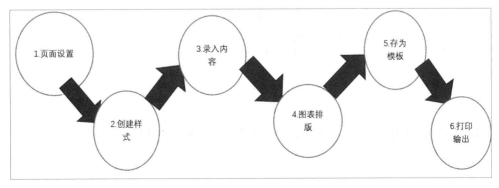

1.3.2 用样式确立排版灵魂

在 Word 排版中，有时候成段的内容会使用相同的格式，一步一步将相同的格式用格式刷进行统一又过于繁琐，俗话说：无样式不成排版，样式是字符格式和段落格式的集合。此时就凸显了样式的重要性。

使用样式可以提高效率，保证格式的一致性；使用样式可以方便修改，修改了样式就可以指定为这一样式的所有文本都进行修改。

1.3.3 搭上 Office 主题捷径

如果觉得样式还是不能满足，那还需要应用一个主题。

主题其实是一种效果组合，由一组格式选项构成，其中又包括一组主题颜色、一组主题字体及一组主题效果，用于改变文档的整体外观而不改变其内容。

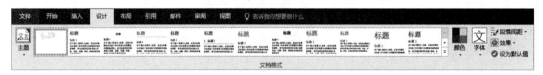

Word 内置了多种主题，并且起了极具特色的名字。不同的主题拥有不同的字体选择、配色方案和主题效果。

主题与样式的使用方法一致，单击某个主题即可快速格式化文档。

第2章

高手都在用的文字处理技法

本章导读

1. 你会打"犇""卝"字吗？

2. 你会输入 $ff(xx)=aa0+\Sigma(aanncosnnxxLL+bbnnsinnnxxLL)\infty nn=1$ 公式吗？

3. 你能一次性处理很多个同样的错误吗？

4. 你能轻松删除一篇很长的文档中的大量空格和空行吗？

思维导图

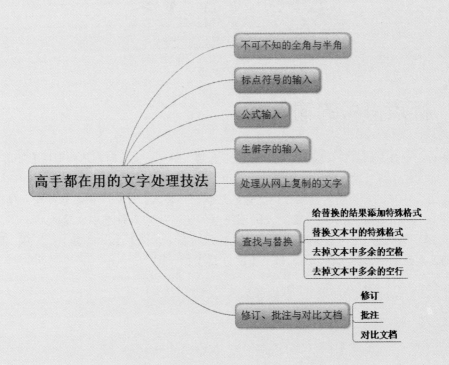

2.1 不可不知的全角与半角

考大家一个问题，你看看"369"和"３６９"有什么区别吗？第二个是不是霸道了很多？占的位置是不是比第一个宽了很多？可是，这又是为什么呢？下面让半角和全角来告诉你是怎么回事吧。

1. 什么是全角和半角？

（1）全角——一个字符占用两个标准字符位置。汉字字符和规定了全角的英文字符及GB 2312—1980 中的图形符号和特殊字符都是全角字符。

（2）半角——一个字符占用一个标准的字符位置。通常的英文字母、数字键、符号键都是半角的，半角的显示内码都是一个字节。

2. 半角和全角的切换

用鼠标单击月亮图标来进行全角 / 半角切换，或者直接使用【Shift+Space】组合键。

2.2 标点符号的输入

一般来说，键盘上的单符号键和双符号键的下面那个符号，输入时都不需要按【Shift】键，双符号键上面的那个符号输入时，都需要按【Shift】键。

除此之外，中文的标点符号需要在中文输入法状态下输入，比如：书名号的输入是在中文输入状态下，按下【Shift 键】+ ：键。人民币符号"￥"的输入是在中文输入状态下，按下 shift 键 + $4 键。省略号"……"的输入是在中文输入状态下，按下【Shift 键】+ 6 键。破折号"——"的输入是在中文输入状态下，按下【Shift 键】+ - 键。

2.3 公式输入

说到公式的输入，大家还记不记得一元二次方程的根是多少？是不是 $x = \frac{-b \pm \sqrt{b^2-4ac}}{2a}$？对，没错。不过，问题是，怎么输入？

（1）利用公式编辑器。

单击【插入】选项卡下【符号】组的【公式】按钮的下拉按钮。

单击"二次公式"，就会出现如下图所示的公式。

$$x = \frac{-b \pm \sqrt{b^2 - 4ac}}{2a}$$

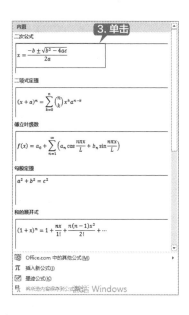

（2）手动编辑复杂公式。

前面都是用的现成的公式，那如果公式库里没有你需要的，就只能自己手动编辑了，看看下面这个公式。

$$\int \frac{dx}{\sqrt{x^2 \pm a^2}} = \ln(x + \sqrt{x^2 \pm a^2}) + C$$

单击【插入】选项卡下【符号】组的【公式】按钮，出现【公式工具】→【设计】选项卡。

同时，在 Word 编辑区，会出现如下图所示的公式编辑画布。

然后开始编辑公式。单击【结构】组的【积分】按钮，如下图所示。

在弹出的菜单中单击第一个，如下图所示。

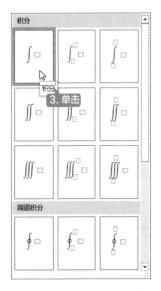

公式编辑画布上会出现一个积分符号，如下图所示。

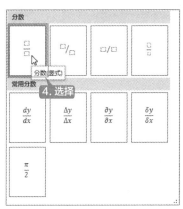

单击【结构】组的【分数】按钮，选择"分数（竖式）"，如下图所示。

在分子位置输入"d*x*"，如下图所示。

选中分母位置，单击【结构】组的【根式】按钮，并选中"平方根"，如下图所示。

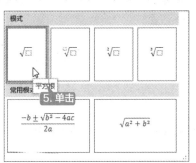

然后单击【结构】组的【上下标】按钮，并选中"上下标"，如下图所示。

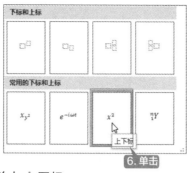

接着，在【符号】组中，单击 ± 图标。

然后用同样的方法，再次输入一个 a^2，再输入一个"="，如下图所示。

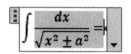

单击【结构】组的【极限和对数】按钮，选中"自然对数"，如下图所示。

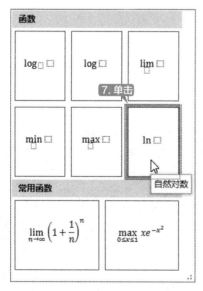

单击【结构】组的【括号】按钮，选中第一行的"方括号"，如下图所示。

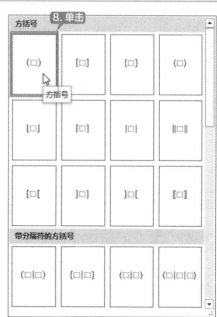

得到如下图所示的公式。

$$\int \frac{dx}{\sqrt{x^2 \pm a^2}} = (\blacksquare)$$

最后，根据前面所介绍的内容，将公式补充完整，如下图所示。

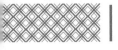

$$\int \frac{dx}{\sqrt{x^2 \pm a^2}} = \left(x + \sqrt{x^2 \pm a^2}\right) + C$$

（3）墨迹公式。

墨迹公式，其实就是手写公式！单击【插入】选项卡【符号】组的【公式】按钮的下拉按钮，在弹出的下拉列表中，单击【墨迹公式】。然后，在弹出的【数学输入控件】对话框中，用鼠标输入公式。

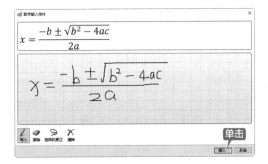

公式书写完成后，单击【插入】按钮。

万一哪里画错了怎么办？看下图，系统识别时，把"X"识别成了"7"。

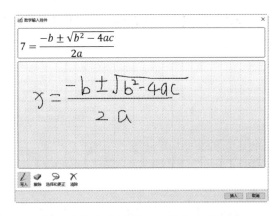

单击【擦除】按钮，用橡皮去擦掉"X"。然后重新写一下"X"。好了，这次识别成功。

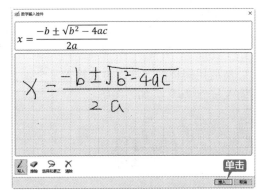

单击【插入】按钮，正确的公式出现，ok，搞定！

2.4 生僻字的输入

什么是生僻字？两张图告诉你一切！

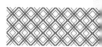

1. Word 自己搞定

其实，生僻字 Word 自己就能搞定。单击【插入】选项卡的【符号】组中的【符号】按钮，会出现如下图所示弹出菜单。

单击【其他符号】，在弹出的【符号】对话框中，在【子集】中选择"CJK 统一汉字扩充 A""CJK 统一汉字""CJK 兼容汉字"，在这里，选中你需要的汉字，单击【插入】按钮即可。

2. 搜狗来帮忙

（1）搜狗拆字。

打开搜狗输入法，输入三头牛"niuniuniu"。

（2）搜狗偏旁。

有一些字，像"襃""襄"等，其实我们可以这样输入：u+ 偏旁部首的读音 + 另外部分读音。

（3）搜狗笔画。

可是，有些字太简单，根本就没有偏旁部首怎么办？比如"亓""卝"等。搜狗提供了笔画功能，在输入"u"后，然后依次输入一个字的笔顺，笔顺为：（h）横、（s）竖、（p）撇、（n）捺、（z）折，就可以得到该字了。

（4）搜狗手写输入法。

单击搜狗输入法的【工具箱】，就会出现【搜狗工具箱】，单击【手写输入】。

单击后打开【手写输入】，在编辑框内，手动写出你要的生僻字，然后单击你需要的那个字即可。

2.5 处理从网上复制的文字

当我们复制网上的文字时，总是有空行、特殊格式、链接等等乱七八糟的东西，怎么才能去掉那些东西呢？

1. 利用粘贴选项

从网上复制一段文字后，不要使用【Ctrl+V】组合键去粘贴，而是，在目标位置单击鼠标右键，在弹出的快捷菜单的【粘贴选项】中，单击 。

2. 利用记事本

如果只要文本，那么可以先将从网上复制的内容粘贴到一个记事本里，然后再从记事本里选中需要的内容，复制，再粘贴到 Word 文档中，就会得到一个没有任何格式的纯文字内容。

2.6 查找与替换

查找和替换功能可以帮助读者快速找到要查找的内容，将文本或文本格式替换为新的文本或格式。

2.6.1 给替换的结果添加特殊格式

想把上面文档中的"您"字，全部加粗，并且给文字设定为红色。（素材文件 \ch02\2.6.1.docx）

打开【查找和替换】对话框，在【查找内容】栏中输入"您"，在【替换为】栏中也输入"您"。单击【更多】按钮，在展开的内容中，单击【格式】按钮。

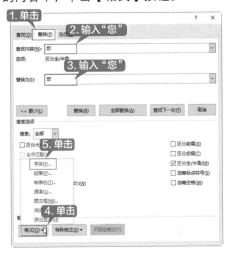

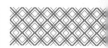

在弹出的【格式】菜单中，单击【字体】，在弹出的【替换字体】对话框中，在【字形】栏中，选中"加粗"。单击【字体颜色】设置为"红色"，再单击【确定】按钮。

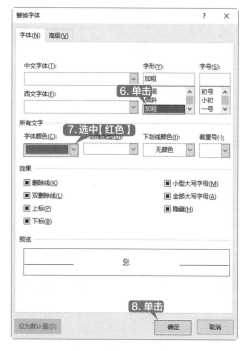

单击【全部替换】按钮，得到如下图所示的结果。

位置对于某些类型的企业来说至关重要，而对其他类型的企业而言则不是那么重要。↓
如果您的企业不需要考虑特定的位置，这可能是一个优势，应在此处明确地说明。↓
如果您已经选择位置，请描述要点。您可以使用下一项中概括的因素作为指导，或者介绍对您的企业来说十分重要的其他因素。↓
如果您尚未确定位置，请描述确定某个地点是否适合您的企业的主要标准。·↓
考虑以上示例（请注意，这不是一份详尽的清单，您可能还有其他考虑事项）：
您在寻找什么样的场所，地点在哪里？从市场营销角度来讲，有没有一个特别理想的区域？必须要在第一层楼吗？如果答案是肯定的，那么您的企业必须处在公共交通便利的地带吗？↓
如果您正在考虑某个特定的地点或者正在对比几个地点，下面几点可能很重要：交通是否便利？停车设施是否完善？街灯是否足够？是否靠近其他企业或场地（可能会对吸引目标客户有所帮助）？如果是一个店面，它够不够引人注意，或者必须怎么做才能使它吸引目标客户的注意？↓
如果可以为您的企业建立标识：本地法令中是否有可能对您有负面影响的规定？哪种类型的标识最能满足您的要求？您是否将标识成本纳入了启动成本费用？↓

2.6.2 替换文本中的特殊格式

细心的你会发现，上面的文档中有很多"↓"，它们的存在严重影响了排版，现在的问题是如何把"↓"全部改成"↵"呢？打开【查找和替换】对话框。单击【查找内容】栏，单击【更多】按钮，再单击【特殊格式】按钮。

在弹出的菜单中，单击【手动换行符】。

然后在【替换为】栏中输入"段落标记"。单击【全部替换】，得到如下图所示结果，原文中已替换6处。

> 位置对于某些类型的企业来说至关重要，而对其他类型的企业而言则不是那么重要。↵
> 如果您的企业不需要考虑特定的位置，这可能是一个优势，应在此处明确地说明。↵
> 如果您已经选择位置，请描述要点。您可以使用下一项中概括的因素作为指导，或者介绍对您的企业来说十分重要的其他因素。↵
> 如果您尚未确定位置，请描述确定某个地点是否适合您的企业的主要标准。·↵
> 考虑以上示例（请注意，这不是一份详尽的清单，您可能还有其他考虑事项）：↵
> 您在寻找什么样的场所，地点在哪里？从市场营销角度来讲，有没有一个特别理想的区域？必须要在第一层楼吗？如果答案是肯定的，那么您的企业必须处在公共交通便利的地带吗？↵
> 如果您正在考虑某个特定的地点或者正在对比几个地点，下面几点可能很重要：交通是否便利？停车设施是否完善？街灯是否足够？是否靠近其他企业或场地（可能会对吸引目标客户有所帮助）？如果是一个店面，它够不够引人注意，或者必须怎么做才能使它吸引目标客户的注意？↵
> 如果可以为您的企业建立标识：本地法令中是否有可能对您有负面影响的规定？哪种类型的标识最能满足您的要求？您是否将标识成本纳入了启动成本费用？↵

2.6.3 去掉文本中多余的空格

先看下面这篇文档，发现里面有太多的空格，很混乱，如果想快速删除里面的空格，可以用"查找替换"来处理。（素材文件 \ch02\2.6.3.docx）

> **狮子座男性**
> 狮子 男 热 情澎湃，他绝不 认输、永不言败，有一 颗 生命 不息，奋斗不止的火热的心。他拥有超强的 自信心，哪怕 是出身贫寒，也保持着不可 侵 犯的尊严。他还有倔强的韧性，对自己的想 法坚信不疑， 个性十足。狮子男 会掩饰自己的性格，他崇尚的是光明磊落，所以他们一点都不复杂，也不会隐藏什么。他非常乐 观，总是积 极向上，人生中小 小的挫折不会影响 他前进的脚步。他明白事理，注重道义，他喜欢用激烈的方式 解决问题，和这样的人相处你会不明白他那源源不断的自信到 底 来自哪里，但还是会被他 那股说不出来的 霸气所征服。

打开【查找和替换】对话框，在【查找内容】栏中输入一个空格，在【替换为】栏中什么都不输。

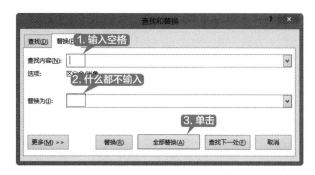

然后，单击【全部替换】按钮，接着，文档就变成这样了……

> **狮子座男性**
>
> 狮子男热情澎湃，他绝不认输、永不言败，有一颗生命不息，奋斗不止的火热的心。他拥有超强的自信心，哪怕是出身贫寒，也保持着不可侵犯的尊严。他还有倔强的韧性，对自己的想法坚信不疑，个性十足。狮子男会掩饰自己的性格，他崇尚的是光明磊落，所以他们一点都不复杂，也不会隐藏什么。他非常乐观，总是积极向上，人生中小小的挫折不会影响他前进的脚步。他明白事理，注重道义，他喜欢用激烈的方式解决问题，和这样的人相处你会不明白他那源源不断的自信到底来自哪里，但还是会被他那股说不出来的霸气所征服。

2.6.4 去掉文本中多余的空行

你肯定有这样的经历，从网上下载了一篇不错的文章，可是，它里面有大量的空行，怎么去掉空行呢？（素材文件 \ch02\2.6.4.docx）

打开【查找和替换】对话框，在【查找内容】栏中输入两个段落标记，在【替换为】栏中输入一个段落标记，然后单击【全部替换】按钮。

文档就变成了现在的样子。

怎么还有空行？因为有些地方有 3 个或者更多的段落标记，处理方法很简单，再来一次替换，直到满意。

> 狮子座男性
>
> 狮子男热情 澎湃，他绝不认输、永不言败，有一颗生命不息，奋斗不止的火热的心。
> 他拥有超强的自信心，哪怕是出身贫寒，也保持着不可侵犯的尊严。他还有倔强的韧性，对自己的想法坚信不疑，个性十足。
> 狮子男不会掩饰自己的性格，他崇尚的是光明磊落，所以他们一点都不复杂，也不会隐藏什么。他非常乐观，总是积极向上，人生中小小的挫折不会影响他前进的脚步。
> 他明白事理，注重道义，他喜欢用激烈的方式解决问题，和这样的人相处你会不明白他那源源不断的自信到底来自哪里，但还是会被他那股说不出来的霸气所征服。

2.7 修订、批注与对比文档

在递交新制作的文档前，可以先让其他审阅者使用修订、批注及对比功能检查文档，之后根据其他审阅者的批注和修订，修改文档，使文档准确性更高，更加专业。

2.7.1 修订

什么是修订功能呢？Word 具有自动标记修订过的文本内容的功能，也就是说，可以将文档中插入的文本、删除的文本、修改过的文本以特殊的颜色显示或加上一些特殊标记，便于以后再对修订过的内容作审阅。（素材文件 \ch02\2.7.1.docx）

（1）修订功能在哪里。

单击【审阅】选项卡的【修订】组中的【修订】按钮。

在弹出的菜单中单击【修订】，进入修订模式。

（2）使用修订功能。

以下面一篇文档为例，来详细看看修订功能的使用。（素材文件 \ch02\2.7.1.docx）

> 大学生网络创业交流会
> 邀请函
> 尊敬的……（老师）
> 校学生会裁定于 2013 年 10 月 22 日，在本校大礼堂举办"大学生网络创业交流会"的活动，并设立了分会场演讲主题的时间，特邀请您为我校学生进行指导和培训。
> 谢谢您对我校学生会工作的大力支持。
>
> 校学生会·外联部
> 2013 年 9 月 8 日

进入修订模式后，选中第一段和第二段，将其居中显示，并将字号调整为"二号"，得到如下图所示的结果。

在修订模式下，不同用户的修订操作会用不同的颜色来显示，以示区分。默认专题下，新插入的内容以单下画线显示，删除的内容则会显示删除线，所有修订内容会有外框线显示。当然，这些是可以由用户自己设定的。单击"修订"组右下角的 图标，出现如下图所示的【修订选项】对话框。

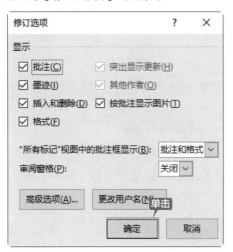

单击【高级选项】按钮，会得到如下图

所示的【高级修订选项】对话框。你可以根据自己的喜好进行设置，设置完成后单击【确定】按钮即可，这里不再一一介绍。

有时候，可能一个文档会有多人进行修改，那么怎么区分呢？当然是按 Word 的用户名来区分的，看下面这个图。下面这个图有 3 位老师对文档做了修改，分别是"帅老师""美老师"和"坏老师"。

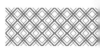

（3）修订的接受与拒绝。

单击【审阅】选项卡中的【更改】组。

对于上面文档的修改，我觉得"帅老师"和"美老师"修改的很对，我要接受，该怎么做呢？选中"帅老师"的第一条修订，单击【更改】组中的【接受】按钮，在弹出的子菜单中单击【接受此修订】。原文档就会按照该条修订进行更改，并删除该修订记录。

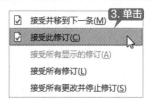

接下来选中"坏老师"的修订，单击【更改】组中的【拒绝】按钮，在弹出的子菜单中单击【拒绝更改】，得到如下图所示的结果。

接下来"坏老师"又做了一个修订。

重点是，"坏老师"单击了【修订】按钮下的子菜单中的【锁定修订】。

并在弹出的【锁定跟踪】对话框中，输入密码"123"，单击【确定】按钮。

接着，你就发现"接受"和"拒绝"按钮都变成了灰色的，也就是不能使用了……也就是说，"坏老师"锁定了自己的修订！

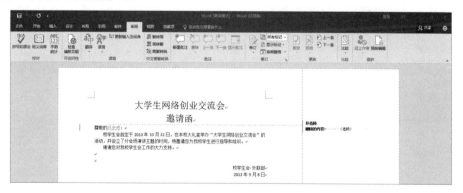

现在怎么办？只要拿到密码就可以了！再次单击【锁定修订】，就会弹出【解除锁定跟踪】对话框，输入密码，单击【确定】按钮即可。

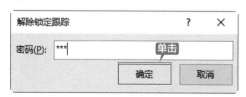

2.7.2 批注

批注其实很简单，批注就是别人对你的文档提出一些修改意见，然后供你参考。它与修订不同，修订是直接做了修改，而批注并没有。打开【审阅】选项卡下的【批注】组。（素材文件 \ch02\2.7.2.docx）

选中"性十足"，单击【新建批注】按钮，并在批注里写上"是不是少了一个'个'字？"（素材文件 \ch02\2.7.2.docx）

当作者看到这个批注后，发现确实少了一个"个"字，然后他就补上了一个"个"字。

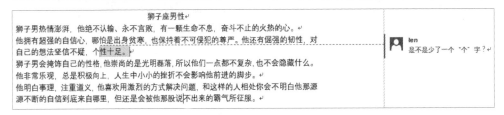

修改完成后，选中批注，单击【删除】按钮，删除该批注。

然后，文档就变成下面的文档了。

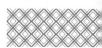

狮子座男性

狮子男热情澎湃，他绝不认输、永不言败，有一颗生命不息，奋斗不止的火热的心。

他拥有超强的自信心，哪怕是出身贫寒，也保持着不可侵犯的尊严。他还有倔强的韧性，对自己的想法坚信不疑，个性十足。

狮子男会掩饰自己的性格，他崇尚的是光明磊落，所以他们一点都不复杂，也不会隐藏什么。

他非常乐观，总是积极向上，人生中小小的挫折不会影响他前进的脚步。

他明白事理，注重道义，他喜欢用激烈的方式解决问题，和这样的人相处你会不明白他那源源不断的自信到底来自哪里，但还是会被他那股说不出来的霸气所征服。

2.7.3 对比文档

你花了一个星期的时间做了一个非常漂亮的文档，当你需要交给老板的时候，突然搞不清哪个是最新的怎么办？对比文档来帮你！

下面我们就一起来看看具体操作吧！（素材文件 \ch02\2.7.3.docx）

狮子座男性

狮子男热情澎湃，他绝不认输、永不言败，有一颗生命不息，奋斗不止的火热的心。

他拥有超强的自信心，哪怕是出身贫寒，也保持着不可侵犯的尊严。他还有倔强的韧性，对自己的想法坚信不疑，个性十足。

狮子男会掩饰自己的性格，他崇尚的是光明磊落，所以他们一点都不复杂，也不会隐藏什么。

他非常乐观，总是积极向上，人生中小小的挫折不会影响他前进的脚步。

他明白事理，注重道义，他喜欢用激烈的方式解决问题，和这样的人相处你会不明白他那源源不断的自信到底来自哪里，但还是会被他那股说不出来的霸气所征服。

将其保存为"狮子座男性 .docx"。然后对它做一些简单的修改，如删除了第 2 行"出身贫寒"，并又加了一个"出"，删除了第 5 行"中小小的"，另存为"狮子座男性 2.docx"。

狮子座男性

狮子男热情澎湃，他绝不认输、永不言败，有一颗生命不息，奋斗不止的火热的心。

他拥有超强的自信心，哪怕是出，也保持着不可侵犯的尊严。他还有倔强的韧性，对自己的想法坚信不疑，个性十足。

狮子男会掩饰自己的性格，他崇尚的是光明磊落，所以他们一点都不复杂，也不会隐藏什么。

他非常乐观，总是积极向上，人生挫折不会影响他前进的脚步。

他明白事理，注重道义，他喜欢用激烈的方式解决问题，和这样的人相处你会不明白他那源源不断的自信到底来自哪里，但还是会被他那股说不出来的霸气所征服。

然后进行比较，单击【比较】按钮。

在【原文档】中选择"狮子座男性"，在【修订的文档】中选择"狮子座男性 2"。

单击【确定】按钮，得到如下结果。

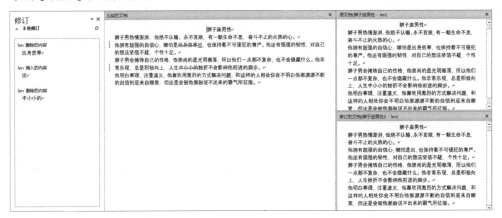

第3章

简单又出彩的图片处理技法

📖 本章导读

1. 我想让我的图片变成 ❤ 形，可以吗？
2. 我的图片颜色不够浪漫，想换一个自己喜欢的颜色，可以吗？
3. 想在图片上加一些文字，来暗示我的心情，可以吗？
4. 图片拖不动，怎么办？
5. 图片不听话，老是乱跑，怎么办？

✈ 思维导图

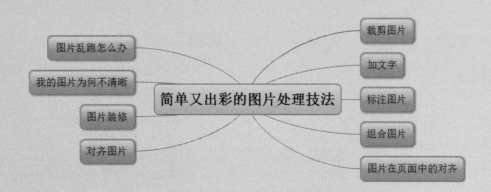

3.1 裁剪图片

有时候，我们在使用图片时，是不是会发现，有的图片总是不能完全满足需要，需要做适当的裁剪。裁剪方式主要有以下 3 种。（素材文件 \ch03\3.1.docx）

1. 自由裁剪

自由裁剪是根据需要，手动自由裁剪，如下图。（素材文件 \ch03\3.1.docx）

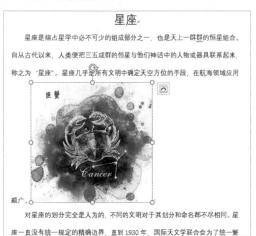

第1步 进行自由裁剪。选中图片，单击【图片工具】→【格式】→【大小】→【裁剪】按钮。

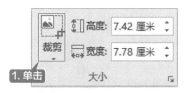

第2步 在弹出的菜单中，单击【裁剪】，会发现图片的四周出现了加粗线。

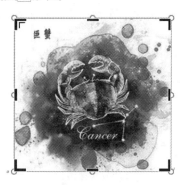

第3步 将鼠标移动到黑色加粗线的附近，鼠标会变成 形状。

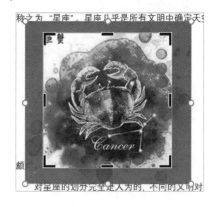

第4步 单击鼠标左键，并拖动鼠标到合适的位置。

然后单击图片以外的任意位置。

2. 裁剪为形状

单击【图片工具】→【格式】→【大小】→【裁剪】→【裁剪为形状】→【五角星】。

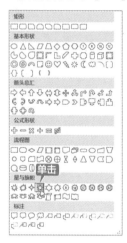

然后就会得到下面的效果。

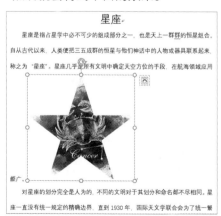

3. 纵横比

有时候可能会对图片的纵横比例有要求，将鼠标移动到【纵横比】。

就会出现如下图所示的级联菜单。

选中一种需要的比例，如【5：3】。就会出现如下图所示的效果。

单击图片以外的任意位置，大功告成！

3.2 加文字

有时候，你可能会发现，别人的图片上还有自己加的文字，如何在照片上加文字呢？操作方法如下。看看下面这只小猫咪。

第1步 打开素材文件 \ch03\3.2.docx，单击【插入】→【文本】→【文本框】按钮，单击【绘制文本框】。

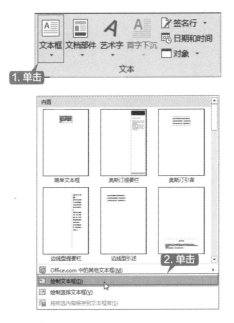

第2步 将鼠标移动到图片上，在合适的位置单击鼠标左键，拖动鼠标，画出一个文本框，并输入你想要说的话。

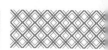

第3步 选中文本框，单击【绘图工具】→【格式】→【形状样式】→【形状填充】→【无填充颜色】，单击【形状轮廓】→【无轮廓】。

第4步 选中文本框，字体调整为【华文行楷】，字号调整为【二号】，字体颜色调整为【黄色】，并适当调整文本框的大小和位置，如下图所示。

第5步 单击【艺术字样式】→【文本效果】→【转换】→【右牛角形】。

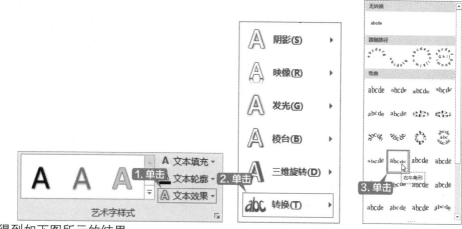

得到如下图所示的结果。

给图片加文字，其实是一项非常常用的技能。尤其是在我们不想要大量的文字来解释一件事情的时候，可以用一副合适的图片再配上适当的文字来解释，那最是简单明了了。

3.3 标注图片

前面学会了给图片加文字，接下来看看加标注吧！（素材文件 \ch03\3.3.docx）

单击【插入】→【插图】→【形状】按钮。

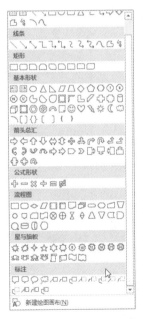

用鼠标单击"标注"，然后将鼠标移动到图片上，在合适的位置单击鼠标左键，拖动鼠标，画出你想要的标注。然后向标注中添加俏皮的文字或者你的心声……

那个标注有点丑，是吧，没关系，按照前面的方法，来处理下这个标注就漂亮了。

3.4 组合图片

什么是组合图片呢？简单地说，就是把两张或者多张图片变成一张，方便移动和其他处理。

组合图片的效果如下图所示。

第1步 画印章外框圆，并设置为红色。

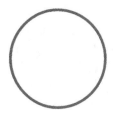

第2步 添加红色艺术字，并设定为【上弯弧】，将字体改为好看的【华文行楷】，如下图所示。

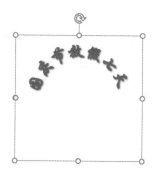

第3步 适当调整艺术字的字号和弧度，并将其移动到旁边的圆里，如下图所示。

第4步 再画一条横线，放到圆的中间。

第5步 再画一个五角星，把五角星移动到合适的位置，让它们4个可以在一起。

第6步 插入一个文本框，添加文字"放假办公室"，字体调整为【华文行楷】，字号根据实际需要调整，文字颜色调整为【红色】。

第7步 然后将文本框放到合适的位置，如下图所示。

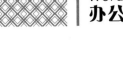

接下来就是组合了，为什么要组合呢？因为如果你需要移动或者改变印章方向，印章会被弄得四分五裂……

第1步 选中横线，按【Ctrl】键，鼠标移动到五角星上，当鼠标上方出现一个"+"时，单击鼠标左键，选中五角星。

第2步 然后在被选中的图形上单击鼠标右键，在弹出的快捷菜单中单击【组合】→【组合】按钮。

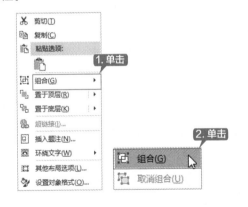

此时，横线和五角星就被组合在一起。

用同样的方法组合所有的对象，让整个印章成为一体。

鼠标移动到印章上面的圆形箭头处，单击左键，旋转印章，得到前面的效果。

这里大家要注意了，也许你试了很多次，发现组合都不成功，原因其实很简单，不是技术问题，而是鼠标使用不熟练。组合的关键在于鼠标能否准确地单击合适的位置。只有当鼠标上出现小"+"号时，才可以选中其他对象，需要组合时，也只能在鼠标变成 形状时才能单击右键进行组合。

3.5 图片在页面中的对齐

图片在页面中的对齐是个有用而且好玩的东西，有时我们想把图片摆放在一个特定的位置，这样更能突出效果。

图片的对齐，首先涉及图片的移动，图片有效合理的移动，首先需要设置图片的"环绕方式"，如下面的例子。（素材文件\ch03\3.5.docx）

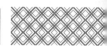

如上图所示，在一段文字中，插入了一张图片，可是，总觉得图片放那个位置不太合适，尤其是导致最后一行的行距太大，怎么办？这时候，可以用"文字环绕"来帮忙。

选中图片，单击【绘图工具】→【格式】→【排列】→【环绕文字】按钮。

1. 文字环绕的方式

环绕方式一共有 7 种。

（1）嵌入型

嵌入式可以将图片以字符的形式放置在段落内，不可被移动，但能够和文字一起设置段落样式。

（2）四周型

此时，文字围绕在图片的四周。

（3）紧密型环绕

和四周型相比，文字与图片的距离更小。

（4）穿越型环绕

细心的你肯定发现，当图片为规则图片，如本例的四方型时，紧密型和穿越型效果是一样的。

（5）上下型环绕

（6）衬于文字下方

（7）浮于文字上方

选中图片，单击【编辑环绕顶点】，将鼠标移动到下图所示的位置，也就是图片外边框上。

当鼠标变成如图所示的形状时，单击鼠标左键，拖动边框，改变边框形状。

此时，虽然图片没有变化，可是图片的边框变成不规则的了，然后再来看看【紧密型】。

下面是【穿越型】。

看到了吧，【穿越型】的文字是不是感觉少了一些？其实，不是文字少了，而是部分文字出现在了图片的后面，因为文字的排列是以图片边框为准的，而不是以图片为准的。所以，在【穿越型】中，图片的最下面也有文字，显然被图片挡住了。

也可以根据需要，指定绝对位置。单击【图片工具】→【格式】→【排列】组→【位置】→【其他布局选项】按钮，弹出【布局】对话框。

根据需要调整水平和垂直方向上的【绝对位置】，然后单击【确定】按钮即可。

3.6 对齐图片

当我们需要同时使用多张图片时，就面临图片摆放和对齐的问题了。

看看下面这个图。（素材文件 \ch03\3.6.docx）

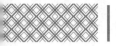
当然，要想排列图片，首先要设置图片的环绕方式，设置为【四周型】即可。

接下来，看看具体操作。

先选中3张图片，单击【图片工具】→【格式】→【排列】→【对齐】，选中一种对齐方式，比如【左对齐】，如下图所示。

得到如下图所示的效果，其实就是左边缘对齐。

同样的方法，看到【水平居中】的效果，其实就是中心对齐的效果。

还可以调节图片之间的间距，单击【纵向分布】即可。

图片的对齐，其实用得比较多，尤其是有些读者喜欢用图片代替文字来说明问题，因为这样直观、美观、风趣，且更有说服力。这时候由于图片太多，合理地摆放图片就成了关键，建议大家在图片对齐方面好好研究研究，重点是美观，有说服力。

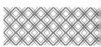

3.7 图片装修

图片的装修就像房子的装修一样，其目的是让图片变得更漂亮。其实，图片装修主要是指修改图片的大小、裁剪图片的形状、去除图片的背景、更换图片的整体色彩、给图片增加艺术效果等。（素材文件 \ch03\3.7.docx）

1. 修改图片的大小

选中图片，选择【图片工具】→【格式】→【大小】→【高度】/【宽度】选项来调整图片的大小。（素材文件 \ch03\3.7.docx）

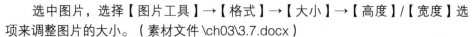

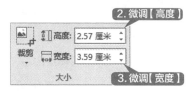

2. 去除图片背景

单击【图片工具】→【格式】→【调整】→【删除背景】，出现【背景清除】选项卡。

同时，图片也会出现一些变化，方便我们选择需要处理的范围。

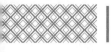

　　调整好范围，单击【保留更改】按钮，图片背景就被去除了。

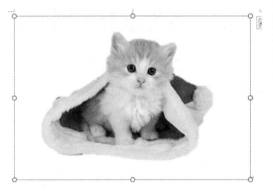

3. 更换图片整体色彩

　　选中喵小咪，单击【调整】→【颜色】，选择一种你喜欢的或者需要的颜色，如下图所示。

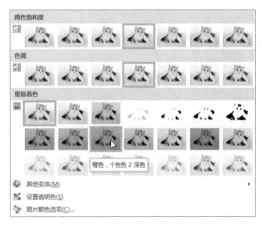

　　效果如下图所示。

　　当然，除此之外，还可以根据需要自由选择颜色。单击【其他变体】按钮即可进行选择。

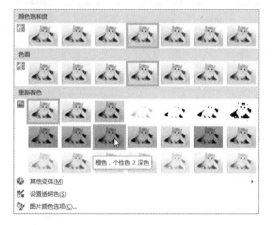

4. 增加艺术效果

　　选中喵小咪，单击【调整】组中的【艺术效果】按钮，选择一种艺术效果，如下图所示。

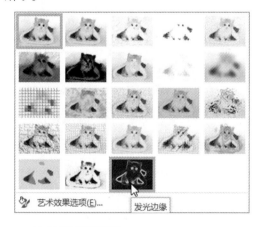

　　效果如下图所示。

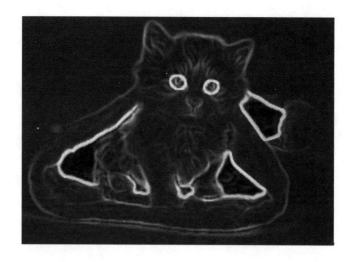

3.8 我的图片为何不清晰

图片不清晰，可能是因为在插入图片时，Word 对其进行了压缩。修改方法也很简单，单击【文件】选项卡。

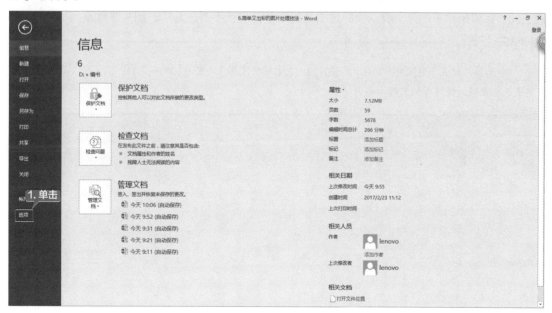

单击左侧的【选项】，在弹出的【Word 选项】对话框中，单击左边的【高级】，拖动右边的滚动条，找到【图像大小和质量】，选中【不压缩文件中的图像】复选框，然后单击【确定】按钮。

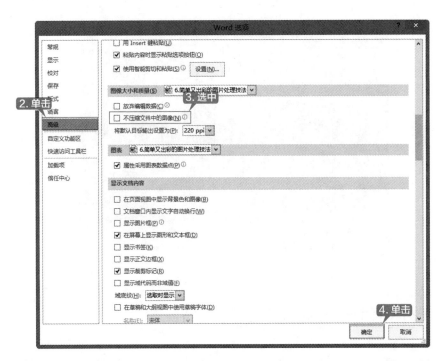

  不过，这个操作带来的后果是：Word 文档会变得非常大，尤其是文档中有照片的时候。其实，到底要不要压缩图片，主要看你做的是什么文档。如果只是讲技术，那就放心压缩吧，毕竟节约空间。但如果你要的是美观，要的是图片的细节，那就不要压缩了，图片是重点。

> **| 提示 |** ⋮⋮⋮⋮⋮⋮
>
>   如果图片位置不停变化、乱跑，只要将图片的【环绕文字】设置为【四周型】即可。然后，选中图片，单击鼠标左键，便可以随意移动图片了。

第4章

表格处理高级技法

本章导读

1. 你能快速绘制出复杂的表格吗？

2. 如何快速装修表格？

3. 怎样在表格中添加斜线表头？

4. 能直接在 Word 中使用已有的 Excel 表格吗？

思维导图

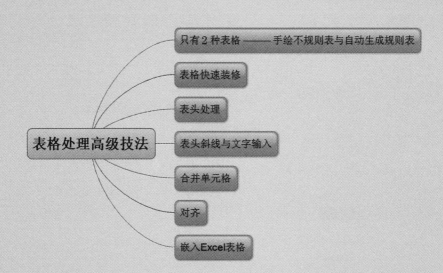

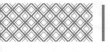

4.1 只有 2 种表格——手绘不规则表与自动生成规则表

提到表格，大家肯定不会陌生，那表格到底是怎么做出来的呢？尤其是怎么才能做出既能满足需要，又很漂亮的表格呢？接下来，一起来看看如何做表格。

1. 自动生成规则表

单击【插入】选项卡下【表格】组中的【表格】按钮，会弹出如下子菜单。根据需要，选中表格的数量，比如，我需要 4×5 的表格。

然后单击鼠标左键，就会得到如下图所示的表格了。

还可以单击【插入表格】按钮，如下图所示。

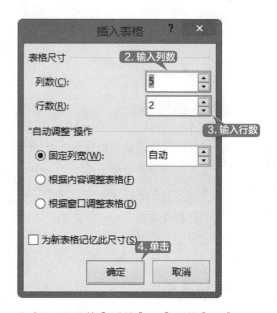

根据需要调整【列数】和【行数】，【自动调整】操作中，我们使用默认的【固定列宽】，这样的表格一般会比较美观。然后单击【确定】按钮，就会得到如下图所示的表格了。

2. 手绘不规则表

单击【插入】→【表格】→【绘制表格】，当光标变成 ✎ 时，单击鼠标左键，拖动到需要的位置。

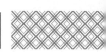

再用画笔画一条横线和一条竖线，如下图所示。

根据上面的方法，我们先画一个 4×4 的表格，如下图所示。但明显是一个不规则的表格。

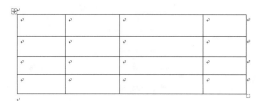

然后，将光标靠近竖线，当然，横线也可以，注意光标的形状变化。

当光标变成 ┅ 时，单击鼠标左键，可以根据需要来拖动当前的竖线。比如，我们向左拖动鼠标，会得到如下图所示的结果。由此，就改变了第一列的列宽。

如果只想改变一个格子的大小怎么办？将光标移动到需要改变的单元格的左侧，当光标变成 ➤ 形状时，单击鼠标左键，选中该单元格。

如下图所示，表示第一个单元格被选中。

然后将光标移动到被选中单元格的右边的竖线附近，直到光标变成 ┅ 形状，单击鼠标左键，根据需要拖动竖线，就会得到如下图所示的不规则表格。

当然，这些都是在水平方向上改变单元格的大小，也就是让单元格变宽或者变窄，如果需要变"高"或者变"矮"呢？那就需要在光标变成 ÷ 形状时，上下拖动水平线了。

4.2 表格快速装修

根据 4.1 节的学习，表格做出来后，现在我们对表格进行快速装修。

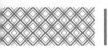
1. 套用表格样式

首先，可以快速地给表格选择一个样式。选中表格，单击【表格工具】→【设计】→【表格样式】组中的⊡按钮，就会出现系统里的所有样式，如下图所示。

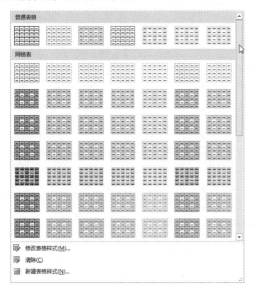

选中一种喜欢的样式。比如，选择【清单表3– 着色5】，就得到如下图所示的效果，其实，还可以多试试其他的效果。

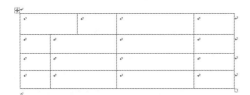

2. 边框

在【表格工具】→【设计】选项卡中，找到【边框】组，如下图所示。

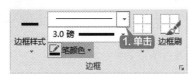

单击【线型】右边的下拉按钮，选择一条实线。

单击【线宽】右边的下拉按钮，选中【3.0磅】。

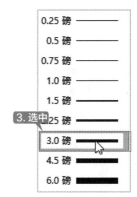

单击【颜色】右边的下拉按钮，选择【红色】。

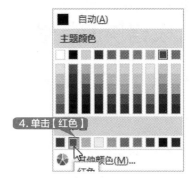

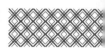

单击【边框】按钮的下拉按钮，依次单击【下框线】【上框线】【左框线】【右框线】选项。

5. 依次单击

效果如下图所示。

除了上面的方法，还可以单击 按钮，就会出现【边框和底纹】对话框，进行同样的设置，如下图所示。

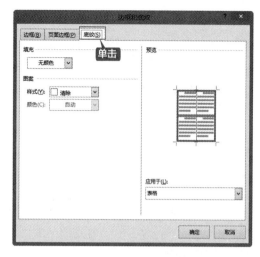

单击【填充】后的下拉按钮，出现选择颜色面板。选择合适的颜色即可。

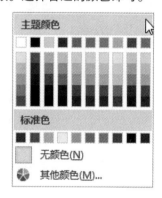

如果没有合适的颜色，单击【其他颜色】，弹出【颜色】对话框，如下图所示。

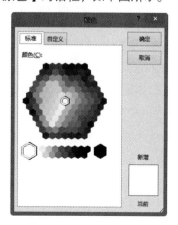

如果还是不满意，请单击【自定义】选项卡，如下图所示。

3. 底纹

打开【边框和底纹】对话框，单击【底纹】选项卡，如下图所示。

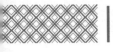

在【红色】【绿色】和【蓝色】的选项框后面都有一个数字，你试着修改一下数字看看，如下图所示。

这是一个调色板，3 个数字的取值范围是 0~255，一共有 256×256×256 种颜色。现在你一定可以找到满意的颜色了。

不用那么复杂，我们就选一个简单的如下图的底纹吧。

最后得到如下图所示的效果。

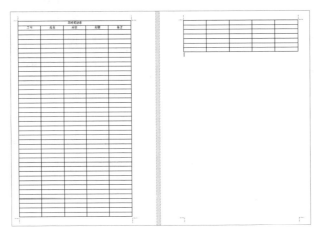

4.3 表头处理

有时候，我们会发现一个表非常大，当然，也可以说它非常长，如下面这个表，有 50 行。问题是，它跨页了！那么到了第二页，我又怎么知道每一列是什么内容呢？（素材文件 \ ch04\4.3.docx）

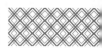

这倒是个问题，怎么办呢？

首先，选中表头行，单击【表格工具】→【布局】→【表】组→【属性】，如下图所示。

在弹出的【表格属性】对话框中，单击【行】选项卡。

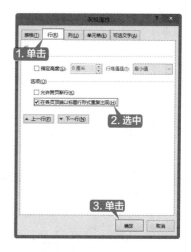

去掉【尺寸】下【指定高度】前的"√"，去掉【选项】下【允许跨页断行】前的"√"，并在【在各页顶端以标题行形式重复出现】前打上"√"，如上图所示，单击【确定】按钮。

这样每一页的顶端都有表头了。

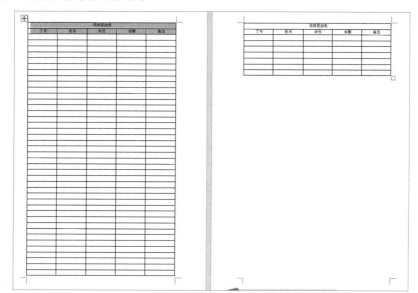

4.4 表头斜线与文字输入

我们平时经常看到有的一个单元格被一条斜线分成了两个三角形，这是怎么回事呢？或者说，这是怎么做到的呢？其实，这个叫斜线表头，它主要有两种画法。（素材文件 \ch04\4.4.docx）

1. 利用边框绘制斜线表头

选中表头单元格，如下图所示。

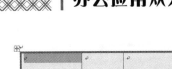

打开【边框和底纹】对话框，选好线条，单击 ⬚ 。

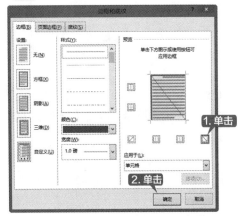

1.单击
2.单击

单击【确定】按钮，就得到如下图所示的效果。斜线表头就出来了。

2. 手动绘制斜线表头

除了上面的方法，也可以手动绘制斜线表头，来试试吧。

选中表格，单击【表格工具】→【布局】→【绘图】组→【绘制表格】。此时，鼠标会变成画笔 ✎ 的模样，利用画笔，就可以画出你需要的斜线了。

那么画完表头后，如何向里面输入文字呢？

3. 合理地利用空格键与【Enter】键

其实，输入文字很简单，可以合理地利用空格和【Enter】键，来将文字控制在准确

的位置即可。

星期
节次

4. 巧妙利用文本框

有时候可能空格键和【Enter】键不能达到满意的效果，这时候就可以考虑使用文本框了。

单击【插入】→【文本】组→【文本框】→【绘制文本框】，在出现的文本框中输入"星期"，如下图所示。

星期↵

将文本框拖动到表格的合适位置，并根据需要，适当修改文本框的内容，如下图所示。但此时，你一定会发现这个文本框有点刺眼，没关系，解决这个问题！

星期

单击文本框，单击【绘图工具】→【格式】→【形状样式】→【形状填充】→【无填充颜色】，取消文本框的默认填充颜色。

单击【绘图工具】→【格式】→【形状样式】→【形状轮廓】→【无轮廓】，取消文本框的默认轮廓。

然后，你再看看原来的表格，"星期"两个字不仅到了合适的位置，而且也不刺眼了。

星期

同样的方法，再加入"节次"，得到如下图所示的效果。

4.5 合并单元格

有时候，我们可能需要几个单元格变成一个单元格,怎么办？其实,这叫合并单元格。先建立一个规则的 7×7 的表格。

根据需要合并部分单元格，选中要合并的单元格。

单击鼠标右键，在弹出的快捷菜单中单击【合并单元格】选项。

就会得到如下图所示的合并单元格以后的效果。看看是不是第一行的前两个单元格变成了一个单元格了？

除了这种方法外,选中需要合并的单元格以后,单击【表格工具】→【布局】→【合并】组→【合并单元格】，也可以完成单元格的合并。

4.6 对齐

马上有人要问了，我每次做的表格里的文字都挤在左边，右边空出一大片，看上去有点别扭，是怎么回事啊？那是因为还没有对齐的原因，下面来看看怎么对齐。

选中表格，找到【表格工具】→【布局】→【对齐方式】组。

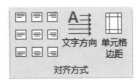

左边有 9 种对齐方式，将鼠标移动到某一种对齐方式上，下面会出现对该对齐方式

的解释。这时候，你就可以根据自己的需要选择一种对齐方式了。

4.7 嵌入 Excel 表格

有时候，我们可能需要将一个 Excel 表格加入 Word 文档中，那么，这又该怎么做呢？如果 Excel 表中的数据有了更新，Word 文档是不是也会自动更新呢？

没关系，本节就来介绍怎么把 Excel 表格给搬到 Word 中，并且还要两者保持同步。不过，在做这个操作前，先建立一个如下的 Excel 文档，并将文档保存为"工资表 .xlsx"。（素材文件 \ch04\ 工资表 .xlsx）

	A	B	C	D	E	F	G	H
1			某某公司工资表					
2	职工号	姓名	职工级别	基本工资	绩效工资	奖励	扣款	实发工资
3	10005	刘大	1	4000	2000	5000	1250	9750
4	20035	陈二	4	2000	1000	2000	800	4200
5	20103	张三	4	2000	1000	500	700	2800
6	20222	李四	5	1800	900	500	300	2900

为方便学习我们可以直接打开。（素材 \ch04\ 工资表 .xlsx)

1. 直接复制

打开 Excel 工作表，复制要嵌入的对象，回到正在编辑的 Word 文档中，定位插入点，单击鼠标右键，在弹出的快捷菜单中选择【保留源格式】选项。

某某公司工资表							
职工号	姓名	职工级别	基本工资	绩效工资	奖励	扣款	实发工资
10005	刘大	1	4000	2000	5000	1250	9750
20035	陈二	4	2000	1000	2000	800	4200
20103	张三	4	2000	1000	500	700	2800
20222	李四	5	1800	900	500	300	2900

此时得到的如上图所示的结果，该表与原来的 Excel 表基本没什么关系了。但如果在粘贴的时候，选择【链接与保留源格式】选项，就会得到如下图所示的结果。

某某公司工资表							
职工号	姓名	职工级别	基本工资	绩效工资	奖励	扣款	实发工资
10005	刘大	1	4000	2000	5000	1250	9750
20035	陈二	4	2000	1000	2000	800	4200
20103	张三	4	2000	1000	500	700	2800
20222	李四	5	1800	900	500	300	2900

看上去好像和上次没什么区别，但如果回到 Excel 文档中去修改一点点数据，如"李四"经过努力学习，他的"级别"晋升为"4"级，工资也发生了相应的变化，如下图所示。

	A	B	C	D	E	F	G	H
1	某某公司工资表							
2	职工号	姓名	职工级别	基本工资	绩效工资	奖励	扣款	实发工资
3	10005	刘大	1	4000	2000	5000	1250	9750
4	20035	陈二	4	2000	1000	2000	800	4200
5	20103	张三	4	2000	1000	500	700	2800
6	20222	李四	4	2000	1000	500	700	2800
7								

然后我们再回到 Word 文档中，在粘贴过来的表格上单击鼠标右键，会得到如下快捷菜单。

单击【更新链接】按钮，"李四"的数据发生了同步的变化。如下图所示。

某某公司工资表							
职工号	姓名	职工级别	基本工资	绩效工资	奖励	扣款	实发工资
10005	刘大	1	4000	2000	5000	1250	9750
20035	陈二	4	2000	1000	2000	800	4200
20103	张三	4	2000	1000	500	700	2800
20222	李四	4	2000	1000	500	700	2800

2. 插入对象

单击【插入】→【文本】组→【对象】按钮，弹出如下图所示的【对象】对话框，单击【由文件创建】选项卡，再单击【浏览】按钮，找到刚才创建的 Excel 文档。单击【插入】按钮。

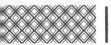

选中【链接到文件】复选框，并单击【确定】按钮。

此时，如果再修改 Excel 文档中的数据，则 Word 文档中的数据在单击【更新链接】后也会同步。

第5章

高手排版杀手锏——样式

📖 本章导读

作为一个资深的办公文员，我想问你：

1. 是不是每天都在做文档？

2. 是不是每天都在花大量的时间精力调整文档的格式？

3. 是不是经常要把某个文档调成昨天那个文档的格式？

4. 是不是幻想着要是能够让两个文档格式很快一样该多好？

5. 是不是经常有包含大量"垃圾"样式的文档需要你改造？

📱 思维导图

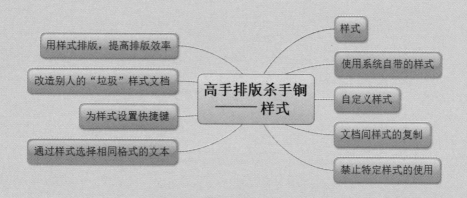

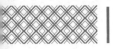

5.1 样式

1. 什么是样式

你学过格式吧，有字体格式（包括字体、字号、阴影、下画线、颜色等），有段落格式（对齐方式等），如下图所示。我们用这些格式来设计排版，直到满意为止。如设计的一张海报中，你用了漂亮的字体、合适的行间距，这些格式的设置，形成一个集合，再给它取个名字，这就是样式。以后再用到海报字体的时候，直接设置成该样式即可。很快捷，不用重新挨个进行设置了。

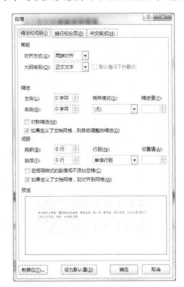

2. 要想又快又好，那就用样式

（1）全文格式编排美观统一。

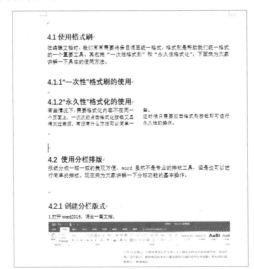

（2）一次修改，全文更新。

如果文章中有大量相似的文本格式需要修改，只需要修改其应用样式，全文即可匹配更新。

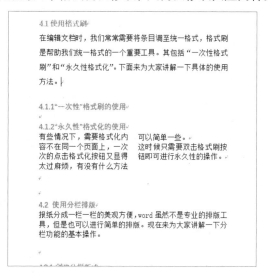

（3）应用样式自动生成目录。

样式包含了生成目录的信息，如果全文标题均应用了标题样式，单击【引用】→【目录】，就会自动生成目录。

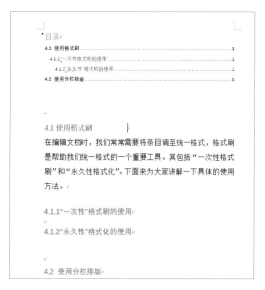

5.2 使用系统自带的样式

Word 2016 自带样式功能，可以直接使用，如下图所示。（素材文件 \ch05\5.2.docx）

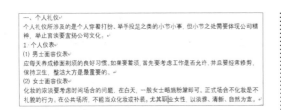

选中文档的标题行，单击【开始】→【样式】组→【标题1】，效果如下图所示。

用鼠标右键单击【标题1】，在弹出的快捷菜单中单击【修改】。

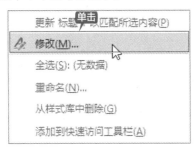

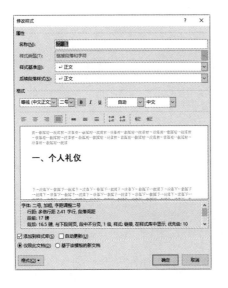

单击【样式】组右下角的小箭头，打开【样式】对话框，将鼠标移动到【标题1】，也会在鼠标下方显示出【标题1】的各种格式。

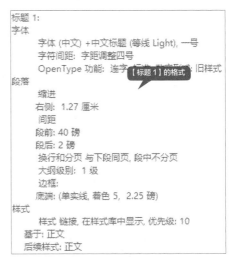

采用同样的方法设置二级标题和三级标题。

一、个人礼仪

个人礼仪所涉及的是个人穿着打扮、举手投足之类的小节小事，但小节之处需要体现公司精神，举止言谈要宣扬公司文化。

1. 个人仪表

(1) 男士面容仪表

应每天养成修面剃须的良好习惯。如果要蓄须，首先要考虑工作是否允许，并且要经常修剪，保持卫生，整洁大方是最重要的。

(2) 女士面容仪表

化妆的浓淡要考虑时间场合的问题，在白天，一般女士略施粉黛即可。正式场合不化妆是不礼貌的行为。在公共场所，不能当众化妆或补装。尤其职业女性，以淡雅、清新、自然为宜。

 自定义样式

如果你觉得系统中给出的那几种样式都不喜欢，可以创建新样式！（素材文件 \ch05\5.3.docx ）

1. 新建样式

在当前插入点应用该样式。这一点容易被忽略掉，带来不必要的麻烦。另外，在【样式】面板中修改样式名称的时候，一定要先选中该样式的实例（所有或者一个），再修改样式，否则会出现意想不到的错误。（素材 \ch05\5.3.docx ）

第1步 打开文本，单击【开始】选项卡下【样式】组内右下角的按钮 。

第2步 在弹出的【样式】对话框中，单击对话框底部的【新建样式】按钮 。

第3步 弹出【根据格式设置创建新样式】对话框，在【属性】选项组中设置【名称】为"一级标题"，在【格式】选项组中设置【字体】为"华文行楷"，【字号】为"三号"，并设置"加粗"效果，然后单击【确定】按钮。

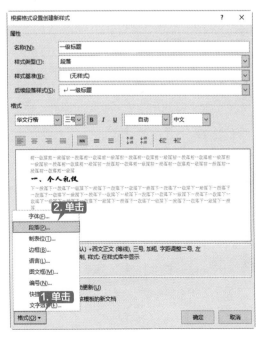

第4步 单击左下角的【格式】按钮，在弹出的下拉列表中选择【段落】选项。

第5步 弹出【段落】对话框，在【缩进和间距】选项卡下【常规】选项组内设置【对齐方式】为"两端对齐"，【大纲级别】为"1级"，在【间距】选项组内设置【段前】为"0.5行"、【段后】为"0.5行"，然后单击【确定】按钮。

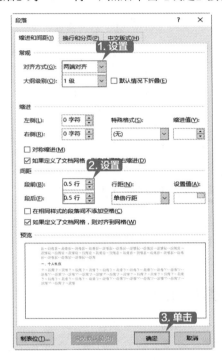

第6步 返回【修改样式】对话框，在预览窗口可以看到设置的效果，单击【确定】按钮。即可创建名称为"一级标题"的样式。

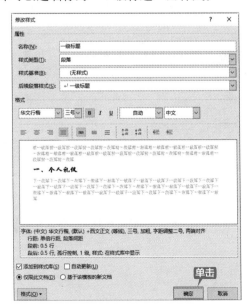

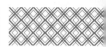

此时，【样式】对话框中就多了一个【一级标题】的样式。

大家可以根据同样的方法去自定义【二级标题】【三级标题】和【正文】等。

2. 设计样式要遵循的规则

● 长文档适合用样式，一两页的短文档使用"格式"即可。

● 要用样式全文都用样式，尽量避免"格式"与"样式"混用。

● 用几种样式时要合理规划，做到心中有数。样式个数不能多也不能少（出现加号的样式，一定要马上处理，合并或者删除）。

● 慎用嵌套（基于某种样式的样式）样式。

3. 样式存在哪里

● 本文档中。

● Normal 模板中。

● 其他加载的模板中。

然后，我们去使用这个【一级标题】，选中文本标题行，单击【样式】组中的【一级标题】，效果如下图所示。

5.4 文档间样式的复制

根据 5.2 节排版出自己的文章后，希望以后也可以继续使用，可以将样式快速复制到文档中。例如，要将"文档 1"中的样式复制到"文档 2"中，步骤如下。

第1步 在【开始】选项卡的【样式】组中，单击下拉按钮，弹出【管理样式】对话框。单击左下角的【导入／导出】按钮。

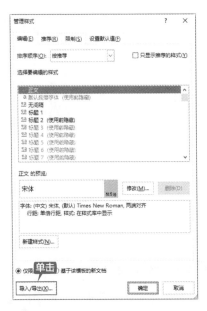

第4步 选择【文档1】，打击【打开】按钮。使用相同的方法，单击【管理器】右侧【打开文件】按钮添加【文档2】。

第2步 打开【管理器】对话框，单击左右两侧的【关闭文件】按钮。

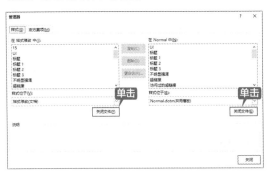

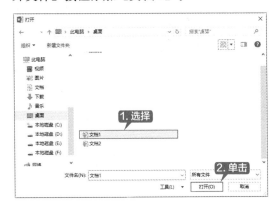

第3步 打开左侧【打开文件】按钮，弹出【打开】对话框，在【文件名】右侧下拉列表中选择"所有文件"，单击【打开】按钮。

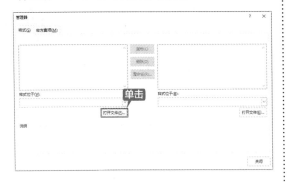

第5步 源文件和目标文件添加完成后，找到【文档1】中想要应用到【文档2】中的样式（按【Ctrl】键可以多选），单击【复制】按钮。而后在弹出的对话框窗口中单击【是】按钮。复制完成后，单击【关闭】按钮。

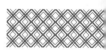

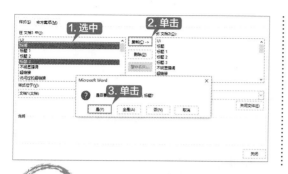

第6步 弹出一个提示对话框，单击【保存】按钮，即完成样式在文档间的复制。

5.5 禁止特定样式的使用

有时候设置好了样式，需要将文档发送给别人，但是又不想别人修改样式，这时就需要为样式添加密码。

第1步 打开【管理样式】对话框，单击【限制】选项卡，在列表中选择要限制使用的样式。选择完毕后，单击【限制】按钮。选中"仅限对允许的样式进行格式化"复选框，然后单击【确定】按钮。

建样式】变成了灰色。

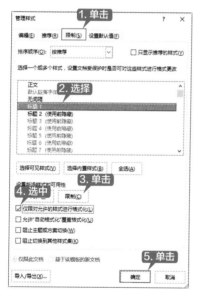

而且对【开始】→【样式】组中的样式右击，会出现如下所示的快捷菜单。

而不是原来如下所示的快捷菜单。

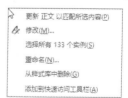

第2步 在弹出的【启动强制保护】对话框中设置密码，单击【确定】按钮即可。

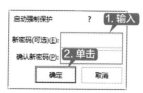

此时，会发现【样式】对话框中的【新

也就是说，我们不能修改样式，也不能创建样式了。当然，还是可以使用 Word 2016 自带的样式的。

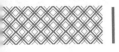

5.6 通过样式选择相同格式的文本

如果一篇文章中应用了好多样式，我们想把相同样式的段落挑选出来，该怎么办呢？

在【开始】选项卡的【样式】组中，右击要选择的段落样式，在弹出的快捷菜单中 单击【选择所有 X 个实例】命令即可。

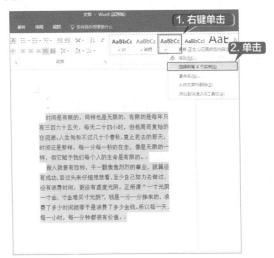

5.7 为样式设置快捷键

在编辑文档时需要频繁地使用样式，可以为样式设置快捷键。

第1步 在【样式】组中用右击需要设置快捷键的样式，在弹出的快捷菜单中选择【修改】命令。

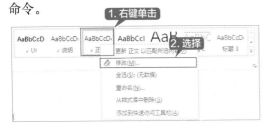

第2步 在弹出的【修改样式】对话框中，单击左下方的【格式】按钮。在弹出的列表中，单击【快捷键】按钮。

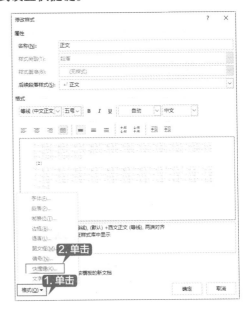

第3步 弹出【自定义键盘】对话框，在【请按新快捷键】文本框中输入所要应用的快捷键。然后单击【指定】按钮和【关闭】按钮，即完成快捷键设置。

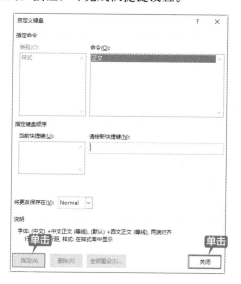

5.8 改造别人的"垃圾"样式文档

有时候，我们会拿到别人的文档，这时你会发现，他的文档好"乱"，如下面这篇文档。（素材文件 \ch05\5.8.docx）

那么接下来，我们就要修改文档的样式。

首先，我们看到【开始】→【样式】组中的变化。是不是和平时的样式有点不同呢？那是因为这里显示的是这篇文档中使用到的样式。

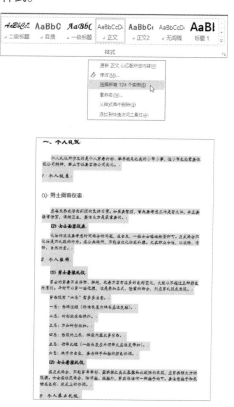

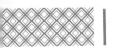

发现文档的好多标题都被当作正文处理了。

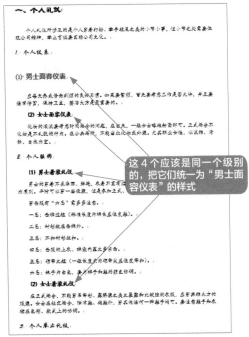

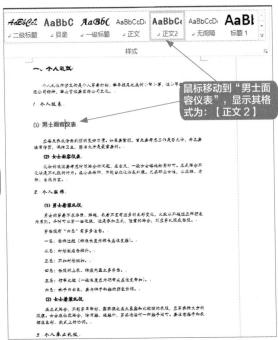

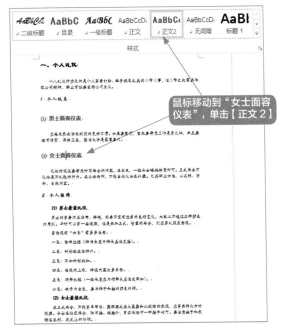

接下来处理二级标题。

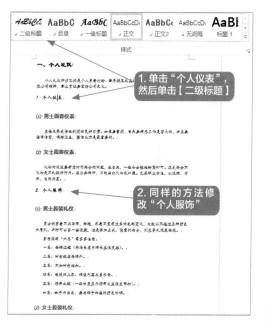

最后，用同样的方法设置【一级标题】。

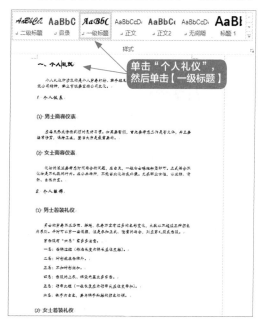

按照这个方法，就可以轻松地修改整篇文档。

接下来我们来把"二级标题"的字号改大点。

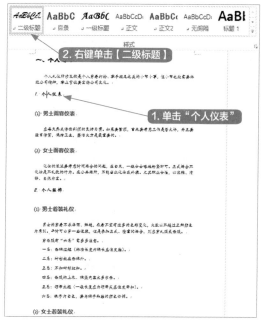

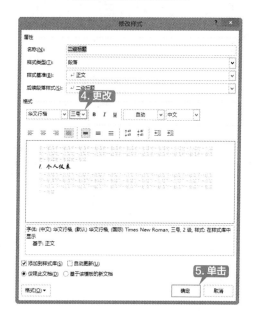

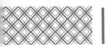
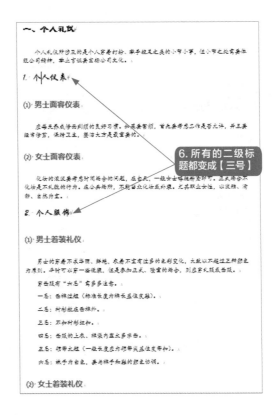

5.9 跟我用样式排版，提高排版效率

假如你遇到一篇很长的文档，需要修改格式怎么办？用样式排版，能提高工作效率。
看下面的文档，当然，只是其中一小部分。（素材文件 \ch05\5.9.docx）

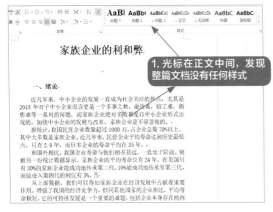

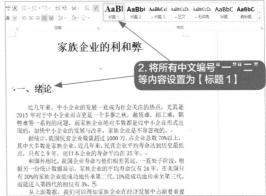

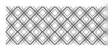

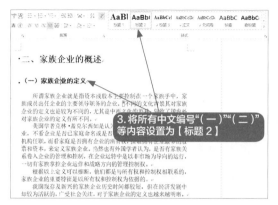

3. 将所有中文编号"（一）""（二）"等内容设置为【标题 2】

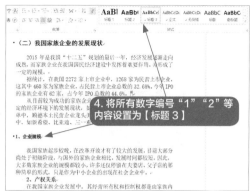

4. 将所有数字编号"1""2"等内容设置为【标题 3】

基本设置完成，如果你觉得某个标题不好看，比如一级标题，下面我们来修改一下一级标题。

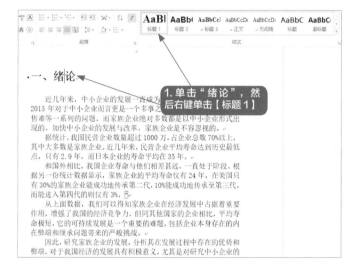

1. 单击"绪论"，然后右键单击【标题 1】

2. 单击

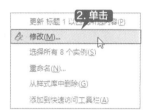

3. 效果

4. 单击

5. 所有的一级标题都变成现在的样式

你可以根据需要，修改其他的样式。

最后，由于文档中有修改，所以我们需要更新目录。

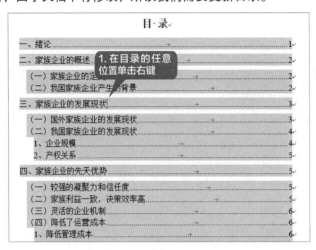

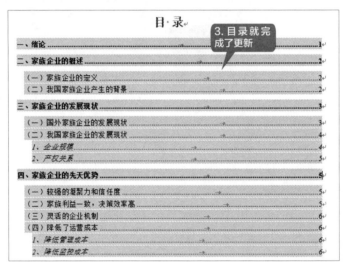

第6章

彻底学会自动编号

本章导读

1. 文档内容要编号，要手动输入 1,2,3,4 吗？

2. 层次感很明显的文档怎么设置编号，才能更清晰？

3. 不需要编号，可编号也仍然继续怎么办？

4. 明明需要编号，可又和前面的续不上了，怎么办？

思维导图

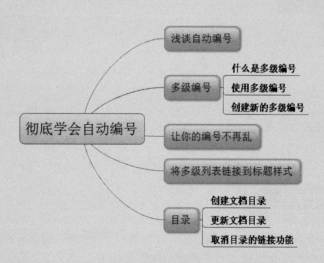

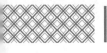

6.1 浅谈自动编号

当我们直接使用自动编排工具后，编号的第一个编号即可出现。在编号后直接添加标题或者内容后，按下【Enter】键即可自动生成编号的第二个编号，依次出现第三个、第四个编号等。这个就是 Word 的自动编号。

比如，看下面的例子。先输入一个"1. 今天星期一"。

然后按【Enter】键。

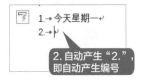

此时就自动产生了编号。在光标处继续输入"明天星期二"，按【Enter】键。

自动编号其实也很简单吧？

那如果我不再需要编号了呢？比如，怎么去掉那个"3"呢？更简单了，再按一次【Enter】键！

是不是编号就自动结束了？

然后输入一些文字，接着又输入了"3. 后天星期三"

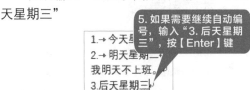

然后按【Enter】键。

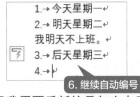

那如果我需要重新编号怎么办？

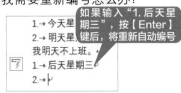

6.2 多级编号

6.2.1 什么是多级编号

前面介绍的只是普通的编号，还有多级编号呢。那么，什么是多级编号呢？所谓多级编号，就是按一定层次进行编号。那么怎样进行多级编号呢？其实非常简单。下图可以让你直观地了解多级编号。

多级编号最多有九级。每一级既独立又有联系。这样使得多级编号有下列优势。

（1）一次定义，多次使用。

（2）格式统一，层次清晰。

（3）关联样式，易于修改。

6.2.2 使用多级编号

听了这么多多级编号的优势，是不是跃跃欲试呢？接下来就教你。

方法一：

打开需要编号的文本。（素材文件\ch06\6.2.2.docx）

首先设置缩进。第一级别的文本不需要缩进，分别选中剩下的文本按【Tab】键。

选中三级及其以上级别的文本按【Tab】键。如此循环，直到设置好缩进。

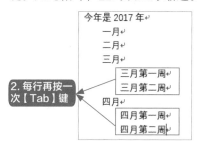

选中所有文本，单击【开始】选项卡的【段落】组的【多级列表】按钮的下拉按钮。

在弹出的下拉列表中选择一种列表格式即可。

这样就好了。

有的人就问了，我的 Word 中好像没有这个啊！你怎么弄的？

别着急，下面会有介绍。

方法二：

单击【开始】选项卡的【段落】组的【多级列表】按钮的下拉按钮 。

在弹出的下拉列表中选择一种列表格式。

光标处会出现第一级的编号，接下来就可以输入文本了。

> 1.→ 今年是 2017 年

按下【Enter】键，就会自动出现本级的下一个编号。

> 1.→ 今年是 2017 年
> 2.→

按下【Tab】键切换到下一级。

> 1.→ 今年是 2017 年
> a)→

按下【Tab】键切换到下一级。

> 1.→ 今年是 2017 年
> a)→ 一月
> b)→ 二月
> c)→ 三月
> i. →

按【Shift+Tab】组合键切换到上一级。

> 1.→ 今年是 2017 年
> a)→ 一月
> b)→ 二月
> c)→ 三月
> i. → 三月第一周
> ii. → 三月第二周
> iii. →

> 1.→ 今年是 2017 年
> a)→ 一月
> b)→ 二月
> c)→ 三月
> i. → 三月第一周
> ii. → 三月第二周
> d)→

就这样一步一步完成编号！

> 1.→ 今年是 2017 年
> a)→ 一月
> b)→ 二月
> c)→ 三月
> i. → 三月第一周
> ii. → 三月第二周
> d)→ 四月
> i. → 四月第一周
> ii. → 四月第二周

最后别忘了取消编号。

6.2.3 创建新的多级编号

如果你觉得 Word 给出的多级编号不喜欢，那也可以自己创建新的多级编号，用自己喜欢的定义。

单击【开始】选项卡的【段落】组的【多级列表】按钮的下拉按钮，在弹出的下拉列表中单击【定义新的多级列表】。

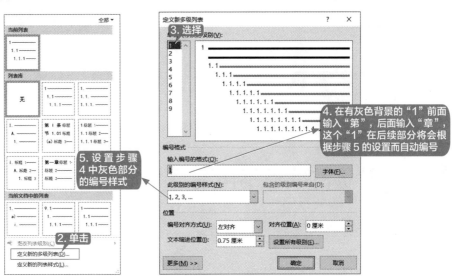

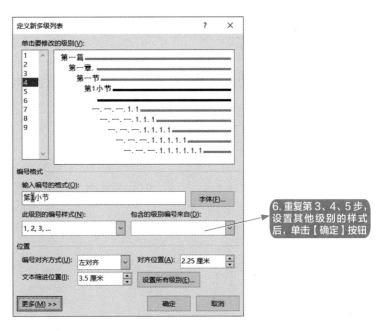

新的多级列表就会被应用，并会出现在【多级列表】的下拉列表内，以便下次使用。

6.3 让你的编号不再乱

有时候，我们可能会遇到比较混乱的编号，比如下图。

> 　　　 1.1　第一篇
> 2　第一章
> 　　　 2.1.1　第一节
> 　　　 2.1.2　第 1 小节

选中文本，单击【开始】选项卡的【段落】组的【多级列表】按钮的下拉按钮，在弹出的下拉列表中选择【无】，也就是取消它的自动编号。

> 　　　 第一篇
> 第一章
> 　　　 第一节
> 　　　 第 1 小节

然后调整好文本内容。

> <u>职场新人修炼秘籍</u>↵
> 　　 <u>进入职场的正确方式</u>↵
> 　　　　 选择大城市还是回老家↵
> 　　　　 考研还是工作

选中文本后，单击【开始】→【段落】组→【多级列表】的下拉列表，单击刚才自定义的多级列表，就得到如下图所示的效果。

> 第一篇→<u>职场新人修炼秘籍</u>↵
> 　第一章→<u>进入职场的正确方式</u>↵
> 　　第一节→选择大城市还是回老家↵
> 　　第1小节→考研还是工作↵

然后更改好缩进。

> 第一篇
> 　第一章
> 　　第一节
> 　　　第 1 小节

再次选中文本，单击【开始】选项卡的【段落】组的【多级列表】按钮的下拉按钮，在弹出的下拉列表中选择一种需要的列表格式。

> 1　第一篇
> 　1.1　第一章
> 　　1.1.1　第一节
> 　　　1.1.1.1　第 1 小节

6.4 将多级列表链接到标题样式

如果能够将多级列表链接到样式，那更是锦上添花了。（素材文件 \ch06\6.4.docx）

首先设置好各级标题样式。

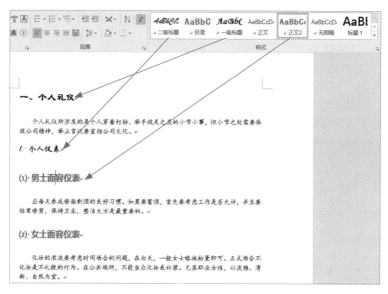

接下来定义新的多级列表。

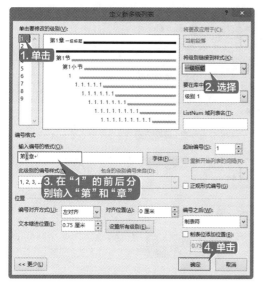

同样的方法设置"二级列表"与"二级标题"链接，"三级列表"与"正文 2"链接。

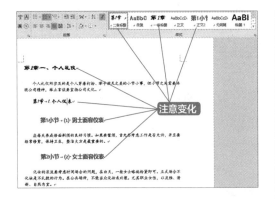

你是不是发现了一个问题，每个标题前

面都多了"第*章"的字样，下面我们进行处理。

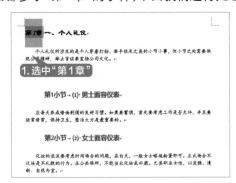

单击【开始】→【字体】组右下角的按钮，弹出【字体】对话框。

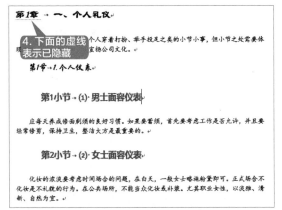

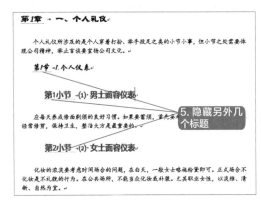

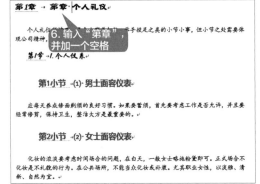

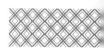

单击"第"和"章"中间，让光标停在两个字中间，单击【插入】→【文本】组→【文档部件】→【域】。

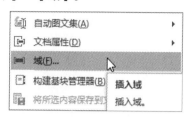

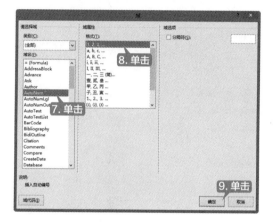

效果如下图所示。

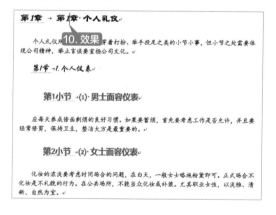

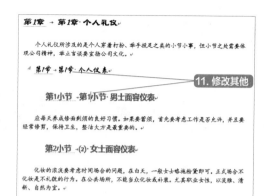

接下来复制。

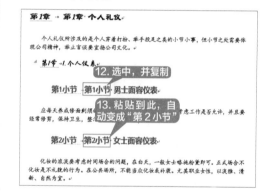

全部完成后，效果图如下所示。

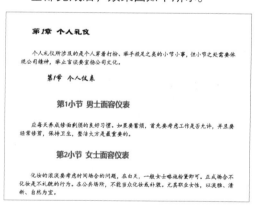

6.5 目录

"写个漂亮的目录好难啊！光打'……'就好累，还老是对不齐……"

其实，目录可不是手动敲进去的，目录是自动生成的。接下来我们学习怎么自动生成目录！

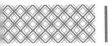

6.5.1 创建文档目录

单击【引用】选项卡中的【目录】，然后在弹出的列表的自动目录里选择一种样式，单击即可。

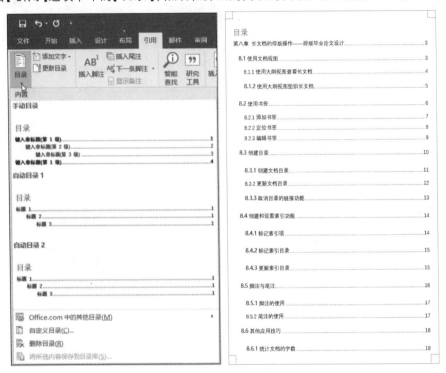

其实，目录的生成并没有这么简单，因为在自动生成目录之前，你需要先把整篇文档的结构设置好，也就是说，整篇文档的标题都已经设置完成。

6.5.2 更新文档目录

在我们插入目录后，可能还会修改文章内容。这可能导致目录与文章不符，这时候我们就需要更新目录！

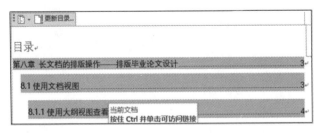

选中你的目录，单击目录左上角的【更新目录】。

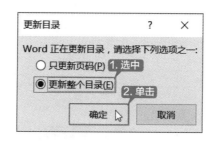

在弹出的【更新目录】对话框中选择【更新整个目录】单选按钮。最后单击【确定】按钮。

"文档修改完成后更新一下目录，更新过的目录才是对的！"

"另外按住【Ctrl】键单击目录就可以跳转到目录对应的内容页面。"

6.5.3 取消目录的链接功能

在 6.5.2 节中提到目录的链接功能，接下来我们来说说怎么取消。

单击【引用】选项卡中的【目录】选项。

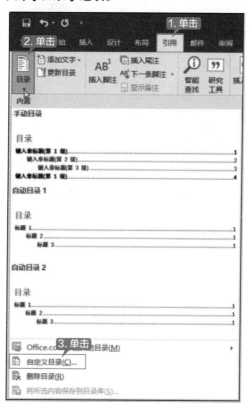

单击【引用】选项卡中的【目录】选项，然后在弹出的列表中单击【自定义目录】选项。

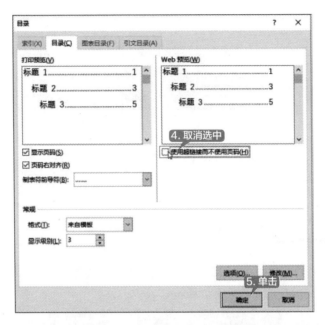

取消选中【使用超链接而不使用页码】复选框，然后单击【确定】按钮。

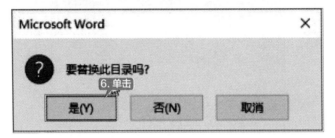

在弹出的提示框中单击【是】按钮。这时，目录的链接就被取消了。

本篇主要介绍 Excel 相关知识。通过本篇的学习，读者可以了解使用 Excel 的相关技法，学习表格、图表、数据透视表及函数的使用等操作。

第7章
神奇的 Excel

📋 本章导读

1. 如何快速输入多个相同数据？
2. 怎样避免输入的数据超出需要的范围？
3. 在数字前输入的 0 怎么丢了？
4. 行和列输入反了，怎么办？
5. 数据安全怎么把控？

✈ 思维导图

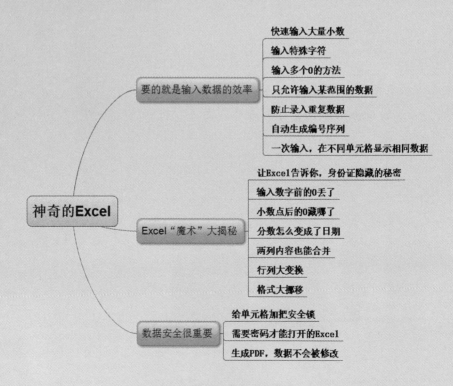

7.1 要的就是输入数据的效率

Excel 是应用最为广泛的数据处理工具之一，数据处理包括数据输入、数据加工和数据输出 3 个密不可分的环节，如果在日常数据输入这个最基础环节的效率都很低，再强大的工具也没有用处。

先了解一下 Excel 2016 工作界面中有哪些组成元素。

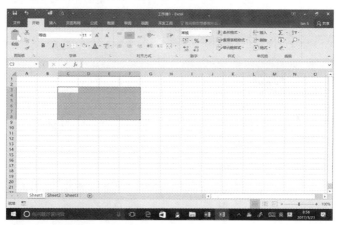

7.1.1 快速输入大量小数

输入大量带有小数位的数值，特别是小数部分是固定位数时，如 465.0675 这个数字，你是怎么输入的？如果原样输入到表格中，稍不留神小数点点错了位置还要重新修改，如果当前是汉字输入状态可能小数点还会录成"。"，而不是"."。Excel 有小数点自动定位功能，可以让所有数值的小数点自动定位，你就可以只输入数字部分而不用点小数点了。具体操作步骤如下。

第 1 步 在工作表中，单击【文件】选项卡，弹出如下窗口。

第 2 步 在左边导航中选择【选项】命令，在弹出的【Excel 选项】对话框左侧选择【高级】

选项，选中右边设置区域中的【编辑选项】组的【自动插入小数点】选项，并且将【位数】设置为"4"，然后单击【确定】按钮保存。

第3步 在单元格中输入"4650675"时，系统会自动按照刚才设置的小数位数自动插入小数点。

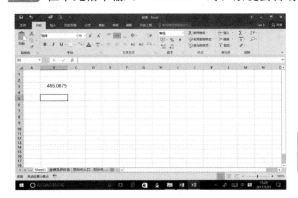

| 提示 |

　　如果需要输入另一批不同小数位数的数值，还是要重新设置小数位数的。

7.1.2 输入特殊字符

在单元格中录入键盘上没有的符号，如在B5单元格的文字前输入"§"小节符，具体操作步骤如下。

第1步 把光标定位在文字的最前面，依次单击【插入】→【符号】组→【符号】按钮。

第2步 在弹出的【符号】对话框中选择【符号】选项卡，找到需要的小节符号，单击【插入】按钮，即把"§"插入到编辑区光标所在位置。

| 提示 |

　　在插入特殊字符前记得先把光标定位在要插入的位置。

7.1.3 输入多个0的方法

有时你要录入的数据非常大，例如"1200000"，后面好多0，特别容易输错，再小心也得查上好几遍，那就用下面的方法吧。

先数下后边有5个0，在单元格中输入"12**5"，按【Enter】键即可。最后的数字5就是末尾有5个0，前面用两个 * 分隔。这时显示数据为"1.20E06"，这是因为 Excel 对比较大的数自动按"科学记数法"的格式显示，可以改变数据格式为"常规"，就显示为了"1200000"。

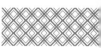

7.1.4 只允许输入某范围的数据

工作表中有些数据的取值范围非常明显，如"学生成绩表"，成绩范围在 0~100。可以利用"数据验证"功能保证录入的成绩都是有效的，它可以在我们输入数据前进行有效提醒，而不是输入错误数据后再提醒，这样可以提高输入效率。具体操作步骤如下。

第1步　打开素材文件 \ch07\7.1.4.xlsx，选中 C2:E6 区域，选择【数据】选项卡，在【数据工具】组中单击【数据验证】功能按钮，在弹出的列表中选择【数据验证】选项，弹出【数据验证】对话框。

第2步　在【设置】选项卡中，设置【允许】为"小数"，【数据】选择"介于"，【最小值】输入"0"，【最大值】输入"100"。

第3步　在【输入信息】选项卡中，【标题】栏输入"数据范围"，【输入信息】栏输入"0~100 的实数"。

第4步　在【出错警告】选项卡中，【标题】栏输入"输入错误"，【错误信息】栏输入"数据范围为 0~100 的实数"，单击【确定】按钮保存。

第5步　单击 C2:E6 区域中任一单元格，系统会显示设置的"输入信息"，提醒用户数据范围是什么。如果数据输入错误，系统自动显示设置的"出错警告"，需要重新输入正确数据。

| 提示 |

　　如果【输入信息】提示框挡住了输入数据的单元格，可以把它拖到不影响输入的区域。在【数据验证】对话框的【设置】选项卡中，【允许】下拉列表中还有一些常用数据有效性设置，如"整数""日期""文本长度""序列"等，甚至数据范围中可以用函数作为参数，该功能有非常实际的管理意义。

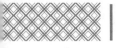
7.1.5 防止录入重复数据

在"学生成绩表"中，学号具有唯一性，还有像身份证号、物资编号、快递单号等都是没有重复数据的，同样可以通过设置"数据验证"防止录入重复数据。具体操作步骤如下。

第1步 选中 A2:A11 区域，选择【数据】选项卡，在【数据工具】组中单击【数据验证】功能按钮，在弹出的列表中选择【数据验证】选项，弹出【数据验证】对话框。

第2步 在【设置】选项卡中，设置【允许】为"自定义"，在【公式】栏输入"=countif(A:A, A2)=1"。即在 A 列中 A2 单元格的值只能有一个，A 列后省略了行号。

第3步 在【出错警告】选项卡中，【标题】栏输入"输入错误"，【错误信息】栏输入"学号不能重复！"，然后单击【确定】按钮保存。

第4步 单击 A7 单元格，如果输入的数据与之前的数据重复，系统自动显示设置的"出错警告"，需要重新输入正确数据。

| 提示 |

> countif 函数中的数据范围"A:A"表示"A 列所有数据中"。

由于 Excel 的运算精度是 15 位，而二代身份证号是 18 位文本型数据，countif 函数会将身份证号第 16 位以后不同的号码误作为相同的号码进行判断，从而造成数据验证设置错误。这时需要用到 sumproduct 函数，公式写为"=sumproduct (N(A:A=A2))=1"。

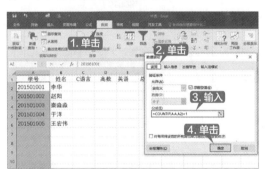

7.1.6 自动生成编号序列

在"学生成绩表"中，学号是一组有序排列的数据，如同"序号"一样，我们不用一个一个录入，可以利用 Excel 自动填充数据的功能快速输入。具体操作步骤如下。

第1步 在 A2 单元格中先输入第一个学号"201501001"（为数值型数据），按【Enter】键。

第2步 重新选择 A2 单元格，把光标放在该单元格右下角的填充柄上，光标呈"+"字，按【Ctrl】键的同时按住鼠标左键向下拖动，直到数据结束处，先松开鼠标再释放【Ctrl】键。

如果第一个学号"201501001"输入的为字符型数据，输入后按【Enter】键，重新选择 A2 单元格，把光标放在该单元格的右下角填充柄上，光标呈"+"字，直接向下拖动光标，直到数据结束处松开鼠标。

学号显然是一个等差数列的数据，如果要快速输入一个步长不是 1 的等差数列，具体操作步骤如下。

在 I3 和 I4 单元格中先输入等差数列的第一个数和第二个数，然后同时选中 F2 和 F3 两个单元格，把光标放在 F3 单元格的右下角填充柄上，光标呈"+"字。向下拖动光标，直到数据结束处松开鼠标。

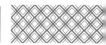

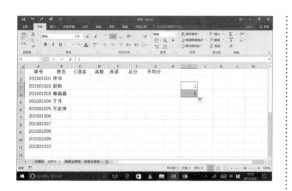

如果输入"AWS7156""101房间"这样的字符和数字混合的等差数列，一样可以快速自动填充。首先输入第一个数据，重新选择该单元格，把光标放在该单元格的右下角填充柄上，光标呈"+"字，直接向下拖动鼠标，直到数据结束处松开鼠标。

> **| 提示 |**
>
> 除了"序号"这样的等差数列外，在 Excel 中还可以自动填充等比数列和日期等数据。首先还是要输入数列的第一个数，然后选中需要填充的数据区域，在【开始】选项卡中的【编辑】组中单击【填充】按钮，在弹出的列表中选择【序列】选项，弹出【序列】对话框，在【类型】组中选择"等比序列"，再定义【步长】和【最终值】，然后单击【确定】按钮保存即可快速输入了。

7.1.7 一次输入，在不同单元格显示相同数据

在"课程表"中，相同课程都会出现多次，不需要一个一个单元格分别输入，如要在表中输入"语文"课程，具体操作步骤如下。（素材文件 \ch07\7.1.7.xlsx）

第1步 首先选中第一个单元格，然后按下【Ctrl】键的同时单击选中其他单元格，最后松开【Ctrl】键，即同时选中多个不连续的单元格。

第2步 在最后选中的单元格中输入"语文"。

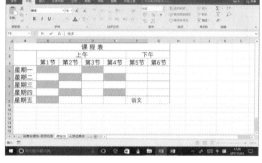

第3步 同时按下【Ctrl】键＋【Enter】键。

7.2 Excel "魔术" 大揭秘

1. 让 Excel 告诉你，身份证隐藏的秘密

工作表中经常有些信息需要保密，如身份证号码、电话号码等，在发布信息时如何设置全部或者部分数据隐藏起来呢？具体操作步骤如下。（素材文件 \ch07\7.2.xlsx）

第1步 在"员工信息表"D2 单元格中输入公式"=replace(C2,7,8,"********")"，按【Enter】键。

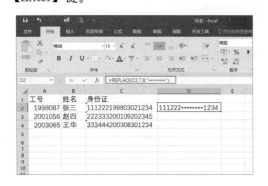

第2步 向下复制 D2 单元格公式。

提示

如果用公式设置过隐藏后又想取消隐藏，还原原始信息，可惜"设置隐藏"这个动作是不可逆的！所以一定要重新增加一列用来存放设置隐藏后的数据。在发布或打印时隐藏起原始信息列，显示用"★"代替的数据列；在需要看原始信息时再把隐藏起来的原数据列显示出来。

2. 输入数字前的 0 丢了

在单元格中录入"数值型"数据时，必须保留前导"0"，具体操作步骤如下。

第1步 选择单元格，按【Ctrl+1】组合键，弹出【设置单元格格式】对话框。

第2步 在【数字】选项卡中的【分类】列表中选择【自定义】，在右边【类型】文本框中输入若干"0"，单击【确定】按钮保存。如果设置为"0000"，则在单元格中输入"89"时，系统自动显示"0089"，即数字格式保留 4 位，不足 4 位的前面自动以"0"补位。注意，此方法设置的是"数值型"数据，数据可以在公式中参与算术运算。

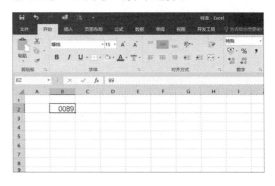

提示

对"字符型"数据如果需要保留若干前导 0，设置方法很多。方法 1：在数据前加"'"（单引号），注意必须是半角符号；方法 2：在【开始】选项卡中的【数字】组中，单击【数字格式】按钮，在弹出的列表中选择【文本】选项，即把单元格设置为文本格式。

3. 小数点后的 0 藏哪了

在单元格中输入"5.00"，按【Enter】键后有时变成了"5"，这是因为不同计算机的 Excel 的当前系统环境设置不同，可以在输入数据前或者输入后进行保留小数位数的设置。设置方法有以下两种。

方法一：输入数据前设置。首先选择数据区域，按【Ctrl+1】组合键，弹出【设置单元格格式】对话框，在【数字】选项卡中的【分类】列表中选择【数值】，在右边【小数位数】数值框中输入"4"，然后单击【确定】按钮保存。这样选中单元格区域的数据格式设置为保留 4 位小数。

方法二：输入数据后设置。首先选择数据区域，然后单击【开始】选项卡中【数字】组中的【增加小数位数】或者【减少小数位数】按钮，即可改变已输入数据小数部分的位数。

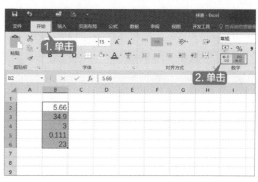

> **提示**
>
> 在方法二中减少小数位数时，系统会自动进行四舍五入。

4. 分数怎么变成了日期

在单元格中输入分数"1/5"，按【Enter】键后变成了日期"1月5日"！这也跟系统的默认设置有关，输入数据前要把单元格格式设置为"分数"。具体方法如下。

方法一：选择单元格区域，按【Ctrl+1】组合键，弹出【设置单元格格式】对话框，在【数字】选项卡中的【分类】列表中选择"分数"，在右边【类型】列表框中选择其中一种格式，然后单击【确定】按钮保存。

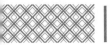
方法二：在输入的分数前加 " ' "（半角的单引号）。

方法三：在输入的分数前加 "0 "（数字 0 和一个空格）。

方法四：把单元格先设置为 "文本" 格式。

> **| 提示 |**
>
> 　　这种情况不能输入数据后再设置成 "分数" 格式。

5. 两列内容也能合并

如果将单独两列内容合并为一列有很多方法，但是都要用公式实现，具体方法如下。

方法一：利用 "&" 连接运算符。在 C2 单元格中输入公式 "=A2&B2"，按【Enter】键。

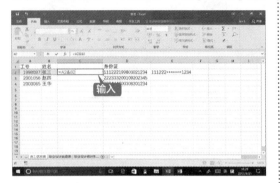

方法二：利用 concatenate() 合并函数。在 C2 单元格中输入公式 "=concatenate (A2,B2)"，按【Enter】键。

> **| 提示 |**
>
> 　　两列数据不管是 "数值型" 还是 "文本型" 都可以进行合并，合并后可以通过拖动填充柄复制公式填充到其他单元格。

6. 行列大变换

如果需要对已经输入好数据的单元格区域进行 "行" 和 "列" 的转置，可以使用 "选择性粘贴"。具体操作步骤如下。（素材文件 \ch07\7.2.xlsx）

第1步 选择原数据区域，单击【开始】选项卡中的【复制】按钮。

第2步 单击 A6 单元格（即粘贴到的目标数据区域的最左上角单元格），在【开始】选项卡中单击【粘贴】按钮，在弹出的列表中选择最下面的【选择性粘贴】选项，弹出【选择性粘贴】对话框。

第3步 在对话框中选中【转置】复选框，单击【确定】按钮保存。

工作表将从选中的起始位置起自动显示转置过后的新数据。

> **| 提示 |**
>
> 粘贴到的新区域一定不能与原数据区域有重合！粘贴后再调整一下新数据区域的单元格格式即可得到一张满足要求的新表。

7. 格式大挪移

在复制原始数据到同一张工作表的一个新的区域时，或者复制到另一张新工作表中时，你是不是发现数据复制过去了，但是格式却没有复制过去？例如，行高和列宽都与原表中数据格式不同，还要重新进行一番设置，还是让"选择性粘贴"来搞定这项工作吧。具体操作步骤如下。

第1步 选择原数据区域，单击【开始】选项卡中的【复制】按钮。

第2步 选择新工作表"sheet6"，单击 A1 单元格，在【开始】选项卡中单击【粘贴】按钮，在弹出的列表中单击【保留原列宽】按钮。

> **| 提示 |**
>
> 另外，通过【开始】选项卡中的【填充】功能的【成组工作表】选项也可以进行数据和格式的复制，但是列宽却不能被复制，还需要手工重新设置。

7.3 数据安全很重要

工作中要定期复制数据！如果是分发给下级部门使用，你还要考虑什么人可以打开看到它、什么人可以打开编辑它，以及允许什么范围的编辑。这样数据就不会轻易被破坏掉了。Excel 可以从工作簿、工作表和单元格 3 个层次对文件和信息进行保护，拥有相应权限的用户才能看到相应信息或者进行允许的操作，这样大大提高了信息的安全性。

7.3.1 给单元格加把安全锁

工作表的结构一旦设计好，在工作中一般是不允许随意修改的，并且只需要基层工作人员录入编辑个别列的信息，而有些列的信息只能看不能改，通过对单元格格式的"保护"设置，可以满足这项功能需求。具体操作步骤如下。

第1步 对"成绩表"的设置，首先选中整个工作表，然后按【Ctrl+1】组合键，弹出【设置单元格格式】对话框，再选择【保护】选项卡，取消选中【锁定】复选框，然后单击【确定】按钮保存。

第2步 选中 A、B 两列，同时选定 C1:G1 单元格，按【Ctrl+1】组合键，弹出【设置单元格格式】对话框，选择【保护】选项卡，选中【锁定】复选框，然后单击【确定】按钮保存。

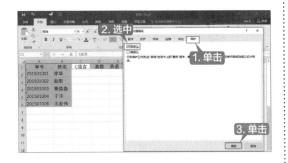

第3步 选择【审阅】选项卡，单击【更改】组中的【保护工作表】按钮，在弹出的【保护工作表】对话框中只选中【选定未锁定的单元格】复选框，输入两次保护密码，然后单击【确定】按钮保存。回到工作表后，对刚才"锁定"的单元格区域就只能阅读不能选中和做任何修改了，而其他区域可以正常编辑。

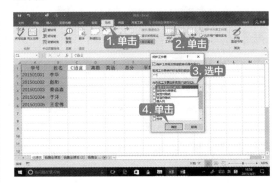

| 提示 |

如果要使对单元格的"锁定"生效，必须同时要在【审阅】选项卡中设置"保护工作表"，否则对单元格的保护是无效的。如果要撤销对单元格的保护，只要在【审阅】选项卡中"撤销保护工作表"即可。

7.3.2 需要密码才能打开的 Excel

2016 版的 Excel 提供了 6 种对文件保护的方式，常用的有"把文件保存为只读文件""设置打开文件的密码""设置对工作表可以进行的操作"。现以"设置打开文件的密码"为例，具体操作步骤如下。

第1步 在当前工作簿任一工作表中打开【文件】选项卡，弹出对文件可以进行各种操作的窗口，在左侧导航中显示当前选项为【信息】，在右边看到的第一个【保护工作簿】，就是对工作簿按照多种方式进行安全设置的地方，单击下拉按钮，在弹出的列表中选择【用密码进行加密】选项。

第2步 在弹出的【加密文档】对话框中输入两次相同的密码，然后单击【确定】按钮保存。当再次打开该文件时，首先要输入正确的密码才能进入工作簿。

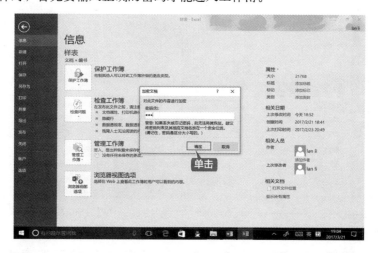

┃提示┃::::::::

对文件加密也可以在"另存为"文件时设置密码。在【另存为】对话框中的【保存】按钮左边有一个可以下拉的【工具】列表，选择其中的【常规选项】，弹出【常规选项】对话框，在这里可以设置"打开权限密码"和"修改权限密码"。

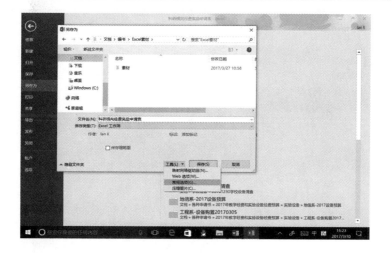

7.3.3 生成 PDF，数据不会被修改

PDF 格式文件译为可移植文档格式，这种文档格式与操作系统平台无关，是进行电子文档发布和数字化信息传播的理想文档格式，它可以将文字、字型、格式、颜色及独立于设备和分辨率的图形图像等封装在一个文件中，封装后其他人就不能对它进行编辑了。所以把文档保存为 PDF 格式也有保护文档的作用。具体操作步骤如下。

第1步 单击【文件】选项卡，选中右侧导航中的【打印】选项，在右边【打印机】下拉列表中选择"Microsoft Print to PDF"选项，再单击【打印】按钮，指定保存文件位置，生成 PDF

文档。

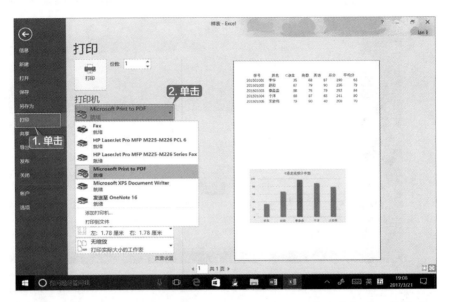

第2步 在保存文件的文件夹中双击打开刚生成的 PDF 文件，现在只能阅读不能修改。

| 提示 |

也可以通过"另存为"的方法，在保存文件时，在【保存类型】下拉列表中选择"PDF"格式保存。

第8章

原始表格设计之道

本章导读

1. 表格设计有哪些要避免的误区?
2. 怎样制作出满足计算机喜好的表格?
3. 如何避免数据的冗余性?
4. 如何解决糊涂账数据?
5. 怎样让数据完整?

思维导图

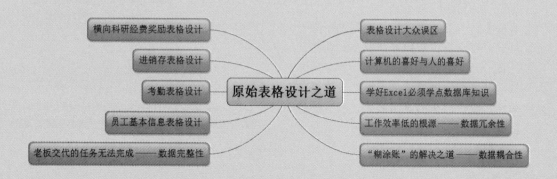

8.1 表格设计大众误区

我们先看看下面这张毕业设计抽查表。

由于存在以下问题，使以后在排序、筛选、汇总、生成图形等数据管理时无法正常进行。

（1）表格具有多个标题行。

（2）表格中有合并的单元格。

（3）单元格内带有备注信息。

（4）单元格数据不全或者数据类型不一致。

（5）有序号列。

（6）工作表中定义了很多的格式。

（7）数据列顺序不合理。

有些表还存在用手工计算得到的汇总行或汇总列，有空行、空列等情况，这样的工作表只适合录入后打印输出、存档，它属于典型的"报表型"表格。它是根据工作需要最终总结、统计出来的复杂表格，表中的数据有就填写，没有可以为空；既可以填写正常数据，又可以填写数据缺失时的备注信息。总之，只要把领导想要看到的信息漂亮地放在表里，就算圆满完成任务，其实这正是大众设计表格的误区！

要知道 Excel 软件不但方便我们记录存储数据，其更大的优势在于强大的数据处理、数据分析的功能！我们需要把当前这张表的结构简单优化一下。

8.2 计算机的喜好与人的喜好

如果我们不但要记录原始数据，还要挖掘出数据背后的故事，就不能只让领导一个人满意

就行了，还要好好研究一下计算机的喜好。Excel 这个软件做事的规律，不能简单地把工作中手工处理各种信息的纸质表格原样照搬到计算机上，要把对原始表的设计当成头等大事来对待。设计得当，事半功倍；设计不当，后患无穷。

区别于"报表型"表格，我们可以把管理日常业务的系列表格称为"事务型"表格。站在管理者的角度考虑问题，要有大局观，知道整个业务流程，知道上下级各需要什么样的数据，理解管理者所期待的目标，把握"事务型"表格设计的原则。要真正会使用 Excel 软件，先要理解并注意以下事项。

（1）表格结构一定要符合第一行为标题行、下面为一行行记录的形式。标题行为若干不重复的数据项名称，下面也不能出现完全相同的记录行。

（2）在安排标题名称排列的顺序时，最好考虑操作者能按日常的工作顺序输入数据。

（3）表格中不能有空行和空列。

（4）规范数据输入内容、取值范围和格式。

（5）同一对象命名要统一，同一列数据类型要一致。

（6）不要有不必要的小计、合计、汇总等行和列，不能有合并单元格。

（7）要考虑到业务的扩展性。

（8）不同作用的数据要分别设计不同的表进行存放。

（9）保证数据安全，及时备份数据。

8.3 学好 Excel 必须学点数据库知识

生活、工作中数据库技术的应用无处不在。比如我们在超市买东西，结账时，一刷会员卡和商品的条码，营业员使用的销售系统就能自动从后台存放会员信息和商品信息的数据库中检索到相关会员和商品的数据，并显示在屏幕终端上；结账后，后台数据库会记录本次顾客的消费详情，本次消费的所有商品库存同时减少；如果我们是通过银行卡结账，销售系统还要联机访问银行的数据库系统查询顾客的账户信息，并且把顾客的本次消费信息记录在银行的数据库中。如果没有数据库技术，则难以想象在这样一个小小的销售活动中发生的所有信息该如何保存和处理。

数据库 (Database) 就是按照一定的数据结构将相关的数据组织、存储起来，方便进行管理的数据仓库。

数据库与 Excel 有什么关系呢？它们都是通过对信息进行采集、整理，然后以数据的形式进行分类、存储的系统，日后还可以对这些存储的大量信息进行添加、删除、修改、查询、统计、打印等管理工作，利用好这些工具不仅可以记录日常工作中各种信息往来，还能高效进行数据分析和处理，为决策者挖掘出隐藏在数据背后的信息。为了有效利用原始数据对其进行分析、处理，数据库技术对数据库的结构设计做了严格规定，Excel 系统对记录原始数据的工作表的结构参照了这些规定，否则，后期对数据的处理和分析就是空谈。

数据库与 Excel 显然又是不同的两种系统，数据库中管理的数据要通过编程进行数据处理，而 Excel 基本不需要编程就可以让用户在工作簿中完成各种基本的数据管理工作了。

目前最流行的是关系型数据库系统，它规定了数据结构、数据操作、完整性约束。所以当我们设计一个 Excel 工作簿时也要把它当成一个系统来设计，分析该系统中要管理什么信息，

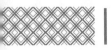
它们是什么关系，不同工作环节中产生的信息要分别存放在不同的工作表中，每个工作表的结构要如何定义，才能完整地反映出工作中的所有属性，将来要对这些数据如何分析处理，用什么方法实现。关于数据库的数据模型及 Excel 工作簿的数据结构的相关规定如下表所示。

关系数据库的数据模型	Excel 工作簿的数据结构	Excel 系统举例
一个数据库由多张有关系的数据表组成	一个工作簿由多张有关系的工作表组成	一个"人事管理系统"建立一个工作簿，里面建立人员基本信息表、工资表、考勤表、业绩表等多张工作表。这些工作表之间是有关系的，记录了员工在各方面工作中的不同信息
一个数据表存储一项工作中的所有信息	一个工作表存储一项工作中的所有信息	人员基本信息表存储员工的工号、姓名、性别等基本信息，工资表存放每月工资发放情况
一个数据表的结构由多个字段组成，每一个字段表现为一个属性，作为一列都有其取值范围和取值类型，不能有空字段和重复字段	一个工作表的结构由多列数据项组成，每一列描述了该工作中的一个属性，都有其取值范围和取值类型，不能有空列和重复列，这些属性作为表头占据工作表的第一行，即标题行	人员基本信息表的结构为工号、姓名、性别、身份证、工作日期、部门、毕业学校、学历、基本工资等列。每个属性列的数据必须是 Excel 支持的数据类型、都有一定的取值范围和格式
一个数据表中的数据是一行一行具有完全相同属性的记录，不能出现空行和两行完全相同的记录	一个工作表中从第 2 行开始是一行一行具有完全相同属性的记录，不能出现空行和两行完全相同的记录	人员基本信息表中的每一行代表不同员工的信息，可以为每个员工设计一个能唯一标识身份的属性——工号
一个数据表中至少有一个关键字或多个关键字	一个工作表中至少有一个或多个能唯一标识一行记录的属性	人员基本信息表中的工号、身份证属性都是关键字
多个数据表之间是有关系的，并且可以通过相同名称的关键字建立关系	多个工作表之间是有关系的，并且可以通过相同名称的属性建立关系	一个人事管理工作簿中人员基本信息表、工资表、考勤表、业绩表等多张工作表是通过工号建立关系的，即通过工号可以在不同工作表中找到一个员工的不同信息

8.4 工作效率低的根源——数据冗余性

什么是冗余？通常说就是"重复的、多余的"，也就是表中出现了重复的数据、没用的数据！举一个最常见的例子——人员信息表。（素材文件 \ch08\8.4.xlsx）

看上去这些信息都有用呀！其实出生日期、性别在身份证中已经包含了，在工作日期中也隐含了工龄，完全没有必要手工输入，序号更是画蛇添足。

（1）序号是多余的。要知道在工作表每一列中各个数据项表现的是一个员工的不同属性信息，序号是员工的什么属性呢？ 员工在单位里的顺序是用工号表示的，所以序号的存在毫无意义，删掉。

（2）出生日期可以自动从身份证号码中提取。身份证号码的第 7~14 位表示出生日期，"4 位年 +2 位月 +2 位日"。

哪个函数能从文本数据中读取若干位字符呢？ MID(原始文本 , 起始位置 , 读取字符个数)。

哪个函数能把若干文本连接成一个新数据呢？ CONCATENATE(文本 1, 文本 2,……)。或者可以用 "&" 运算符连接多个文本。

要注意日期数据的标准格式！在 Excel 中日期数据可以用两种形式表示：2017/01/01 或者 2017-01-01。在张华"出生日期"单元格 (D2) 中输入公式： "=MID(C2,7,4)&" / "&MID(C2, 11,2)&" / "&MID(C2,13,2)"。

（3）性别可以自动从身份证号码中提取。二代身份证号码的第 17 位表示性别，若是奇数则为男，否则为女。

哪个函数能从文本数据中读取某位字符呢？ MID(原始文本 , 起始位置 , 读取字符个数)。

哪个函数能判断读出的字符是奇数还是偶数呢？ MOD(被除数 , 除数)。

哪个函数能判断读出的是什么字符，然后填充指定值呢？ IF(判断条件 , 条件真时返回值 , 条件假时返回值)。

这个公式有点儿长，不要丢了" ( ) "，函数名后一定要用一对圆括号把所有参数括起来。在张华"性别"单元格 (E2) 中输入公式： "=IF(MOD(MID(C2,17,1),2)=0," 女 "," 男 ")"。

（4）工龄可以从工作日期中获取。

哪个函数能取出两个日期间隔的整年份呢？ YEARFRAC(起始日期 , 结束日期 ,3)。最后一个参数定义日期类型，3 表示一年按 365 天计算。

哪个函数能取得今天的日期呢？ TODAY()。

哪个函数能对数值型数据取整呢？ INT()。因为 YEARFRAC() 函数计算出的是一个实型数，例如：张华的工龄计算后得"18.0822"，我们只需要得到整年份，所以还要对它进行取整运算。

在输入自动获取工龄公式前，先把工作日期修改为标准日期格式。在张华"工龄"单元格 (G2) 中输入公式： "=INT(YEARFRAC(F2,TODAY(),3))"。

其实，工龄也是没有必要存在的一个属性，它只表示了计算工龄那一天或者那一年的职工工龄情况，下一年这个数字就要更新了。根据工作表结构的设计原则，这类会随时间不断变化的数据可以不出现在基础表格中，所以完全可以删掉！

> **提示**
>
> 因为性别和出生日期来源于身份证，所以在设计表格结构时身份证要放这两个属性的前面；同理，工作日期要放工龄的前面。

除了重复的数据列之处，还有什么是冗余的对象呢？常见的有：文本框、艺术字、图片（外来图片，不是Excel自动生成的图表）、图形、空行和空列、重复的行和列等。总之，不管你设计的工作表是给自己用还是给别人用，表格中冗余的数据和对象都会大大降低工作效率，也会对后期数据分析带来麻烦。

8.5 "糊涂账"的解决之道——数据耦合性

什么是耦合？通常说就是"我中有你、你中有我"，也可以理解为"我影响你，你影响我"。在Excel中数据耦合性就是指两个或两个以上的对象之间相互依赖于对方存在的程度，在同一张工作表内和不同工作表之间都存在耦合。处理好这种依赖关系可以简化表格结构，提高工作效率，处理不好就可能变成一本"糊涂账"了。

下面从表中耦合和表间耦合两个方面分析如何处理有依赖关系的数据。

1. 同一张工作表中的数据耦合

通过上面了解的知识你能分析出来"人员信息表"中存在耦合数据吗？

判断一下哪些数据列的值是对其他数据列的值存在依赖的？显然，出生日期、性别与身份证是耦合的，工龄与工作日期是耦合的。即通过公式计算得到值的列与其原始数据列是耦合的。

找到了耦合数据后你就应该知道下面要干什么了吧？如果表中必须保留出生日期、性别、工龄这些列，请不要以手工的方式输入，一定要用公式计算出值自动填充进去，这样做不但可以提高录入数据的效率，更重要的是可以保证录入数据的正确性。这样看来，表中出现数据耦合也没有什么不好的嘛，只要我们处理好就利大于弊。

看过正面教材了，再看一个反面教材吧。

在网上看到过这样一个求助的帖子——请高手帮忙求出下列表中的流量之和。表结构很简单，只有一列，但这列里的数据填写的有点儿让人头痛！

453KB
187KB
1MB 469KB
2MB 16KB
888KB
3MB 903KB
3MB 842KB
1MB 338KB
1KB
2MB 731KB
2MB 422KB
1MB 284KB
1MB 259KB
13MB 4KB
61KB
4MB 664KB
1KB
5MB 43KB
7MB 16KB
1KB
920KB
6MB 367KB
1MB 230KB
1MB 637KB
6MB 960KB
1MB 231KB
1KB
2MB 445KB
1MB 71KB
3MB 455KB
3MB 188KB

这个例子跟数据耦合有关系吗？那就分析一下这列数据的值是一个吗？显然不是一个，而是两个。再分析一下这两个数据之间有依赖关系吗？有，它们一起共同表示流量的大小。所以它们也存在耦合，并且我们可以断定这种耦合关系不好，它直接导致了不能利用自动求和或汇总的方法计算出想要的总流量大小。

怎么帮助网友解决这个头痛的问题呢？

我们先思考一下，如何保存"5支铅笔"这个数据呢？你会这样设计表的结构——"物资名称、数量、单位"3个数据列，也就是对于"5支"必须把"5"和"支"分别存放在"数量"和"单位"两个数据列中，以后就可以对"数量"列进行自动求和或汇总了！

MB和KB都是表示容量大小的单位，下面的工作首先要把表中一列数据分别按MB值和KB值存放在两列中，然后就可以对每列求和，最后把MB之和转换成KB值后再与KB之和相加即是总的KB流量。

思路有了，下面我们可以按下面几步解决问题。（素材文件\ch08\8.5流量表.xlsx）

第1步 在B2中输入公式"=SUBSTITUTE(SUBSTITUTE(IF(ISERROR(FIND("MB",A2)),"0"&A2,A2),"MB",""),"KB","")"。作用是对只有KB值的数据前补"0 "（0后有一个空格），即"0MB "，使每行数据的格式保证是一致的，即都是"*MB *KB"的格式！MB和KB数据之间有一个空格作为分隔符。最后还要去掉数据中的"MB"和"KB"这两个单位符号，只保留数字部分，注意前面的数值单位是MB，后面数值单位是KB。

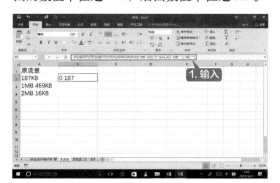

第2步 把B2单元格的公式复制给B3:B4。

第3步 用"选择性粘贴"的方法，只复制粘贴B2:B4区域的数值到C2:C4区域。因为下一步要把B列分为两列数据，带公式的数据不能分为两列。

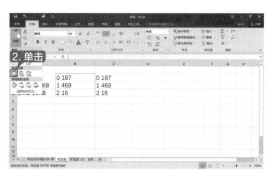

第4步 选中C2:C4区域，在【数据】选项卡的【数据工具】组中单击【分列】按钮。

第5步 在设置分列的对话框中按照向导提示进行设置。在"第1步"中选中【分隔符号】单选按钮，然后单击【下一步】按钮。

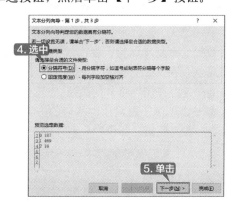

第6步 在"第2步"中选中【空格】复选框，然后单击【完成】按钮保存。

第7步 可以看到刚才的一列数据分为了两列。修改标题，C 列为"MB"，D 列为"KB"。

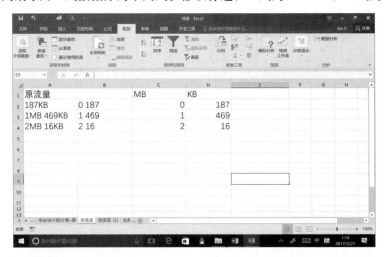

第8步 对 C 列和 D 列分别求和，然后"C 列和 *1024+D 列和"就是网友希望求得的流量和，注意单位是"KB"。

通过这个反面教材让我们看到了数据耦合的破坏性，在设计工作表结构时同一单元格中千万不能填写多个信息，不然后果很严重！

2. 不同工作表之间的数据耦合

顾名思义，表之间的数据也存在相互依赖关系，这是最常见的情况，我们往往把一些标准、原始数据或者基本保持不变的数据作为参数保存在一张表中，而那些变化的数据作为日常处理的信息保存在第二张表中，最终汇总、分析的数据再建立第三张独立的汇总表进行保存，这 3 张表间一定存在密不可分的关系。

举一个小例子看看这种耦合的应用。例如，某单位对业务员进行销售业绩评级，"业务等级标准"和"业绩及评价"分别存放在两张表中。（素材文件 \ch08\8.5 业绩等级评级表 .xlsx）

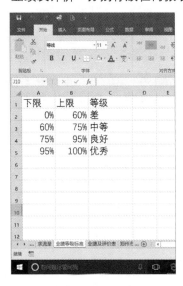
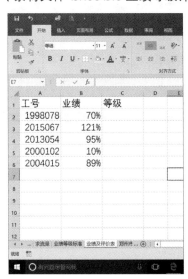

显然"业绩及评价表"中"等级"是依据"业绩等级标准"表中的"上限"和"下限"对应的"等

级"进行评价的。我们可以利用公式和函数来自动求得业务员的业绩等级。

在"业绩及评价表"中的 C2 单元格中输入公式"=VLOOKUP(B2, 业绩等级标准 !$A$2:$C$5,3,TRUE)"。再把 C2 单元格公式向下复制。

通过对以上几个例子的认识，今后我们在工作中如何处理工作簿中的数据耦合呢？利用好这个性质不但可以提高工作效率，还可以使设计出来的表简洁、漂亮，不常变化的信息放参数表中，变化的信息放日常业务表中，汇总的信息放汇总的表中，每张表的功能单一，各司其职，清楚明了。

8.6 老板交代的任务无法完成——数据完整性

数据完整性——又是一个非常专业的术语！你是不是觉得这个还比较好理解？从字面理解就是在我们创建的一张或多张工作表中必须完整地记录下来工作中发生的相关信息。

例如，在记录考勤信息时，不能只记录上班时间而没有下班时间。这一点好像还比较容易做到。在考勤这个看似简单的工作中还有什么事情我们可能会忽略呢？考勤就是考核员工在工作日内是否按时上、下班，如果是就符合单位对上班时间的要求，如果不是就不符合要求，两种情况在制度中分别规定了不同的考核结果——正常发工资或者扣工资。

在此只提几个小问题：

请问什么是工作日？

每个工作日什么时间段是上班时间？

节假日时调整的上班日与平时相同吗？

公休假、产假、事假、病假、迟到、早退、旷工、出差如何考核？

对于新入职、退休、离职、开除、死亡等不同员工如何考核？

如果你说这些在我脑子里都知道呀，可是管理考勤这项工作的系统不知道！如果想要求系统像你一样能自动判断并处理这项工作中的所有情况、所有业务，就把你脑子里记着的这些规章制度好好分析一遍，变成一条条数据科学地、全面地存放在工作表中吧！不要等到系统不能替你工作了，或者系统处理结果出问题了，那时你就被动了，必定要修改系统不当或遗漏之处。只要修改表结构，一定伤筋动骨，补录大量数据还是小事，全面重新审查、定义、重构表间关系或者数据之间的关系，就是一件庞杂艰巨的工作了！

给你一个更加严谨的解释看看什么是数据完整性。完整性规则是在一个用 Excel 设计的系统中数据及其联系所具有的制约和依存规则，用以限定符合系统的工作表状态以及状态的变化，以保证数据的正确、有效和相容。通俗地解释就是"数据不但要完整，而且还要相互制约"。

还以考勤系统为例，按照本章前面介绍的知识，为了完成考勤工作，我们分析该系统包含下面 3 种数据：

哪些是不变的数据（为变化的数据和汇总的数据提供服务）——员工信息

哪些是变化的数据（日常数据）——考勤信息

哪些是最终需要得到分析汇总的数据（对日常数据的处理）——考勤统计结果

以上定义了该系统需要几张工作表分别存放相对独立的信息，工作表之间存在什么制约和依存关系。员工表、考勤表、考勤统计表 3 张表中，是以员工的"工号"作为关键字建立关系的。

员工表中存放着每一个员工的个人基本信息的记录，考勤表中记录了每一个员工每一天上下班时间的多条记录，通过"工号"必定在员工表中可以找到该人的一条基本信息，不存在考勤表中有而员工表中没有的人，也不能出现员工表中有但是考勤表中没有该人考勤信息的情况，除非该人旷工。对于新入职员工，必须首先在员工表中登记个人信息，才能在考勤表中记录出勤情况，而不可能出现在考勤表有出勤记录，但是员工表中却没有个人信息的情况。

同理，对应员工表中的每条记录，在考勤统计表中也要有该员工的每个考勤周期的统计结果，其考勤原始数据来自考勤表中的多条出勤记录。

这样，所有这些存在依赖、制约关系的工作表共同记录了一个单位在考勤工作中的完整信息。

8.7 员工基本信息表格设计

员工基本信息表记录单位员工的个人信息，不同单位关心和考察的方面不同，所以表格结构不尽相同。在设计表格时要考虑以下几个问题。

（1）什么部门管理员工的人事？

（2）人事管理过程中产生什么数据，数据之间的先后关系是什么？

（3）这些数据在什么情况下使用、如何使用？

（4）如果是不同类信息要设计多少表分别保存这些数据？这些表之间有什么关系？按什么字段建立关系？

（5）每张表的关键字段是什么？

（6）每个字段的数据类型、取值范围是什么？

（7）将要对这些信息做什么分析、汇总？分析、汇总的周期是什么？

……

"员工基本信息表"设计过程如下。

第 1 步 设计表的结构。

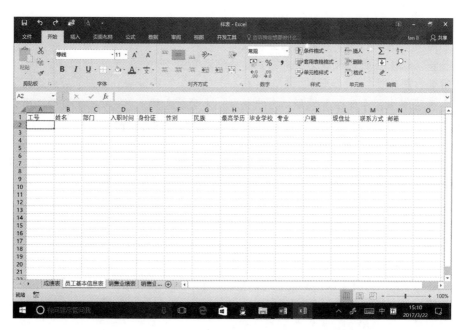

第2步 定义表中每个字段的有效性、数据范围等规则，防止录入无效数据。

需要定义的字段有工号、部门、入职时间、身份证、民族、最高学历、联系方式。

根据其他字段可以自动填充的字段有性别等。

①工号。选中 A 列，设置为文本格式。假设工号由 6 位字符组成，并且工号不能出现重复数据。选中 A2 单元格，在【数据】选项卡中单击【数据验证】按钮，在弹出的列表中选择【数据验证】选项，弹出【数据验证】对话框。在【设置】选项卡中，【允许】选择"自定义"，【公式】输入 "=AND(COUNTIF($A:$A,A2)=1,LEN(A2)=6)"。向下复制 A2 单元格的有效性。

②部门。一般单位的部门设置是固定的，我们可以另建一个"参数表"，把一些较为固定的信息作为整个系统的参数存放在一起。

选中"员工基本信息表"的 B 列，对其"数据有效性"进行设置。打开【数据验证】对话框。

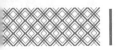
在【设置】选项卡中，【允许】选择"序列"，【来源】设置为"= 参数表 !$A$3:$A$6"。

③入职时间。选中 G 列，设置为日期格式。

④身份证。选中 E 列，设置为文本格式。身份证号由 15 位或者 18 位数字组成，并且号码不能出现重复数据。选中 E2 单元格，对其"数据有效性"进行设置。打开【数据验证】对话框。在【设置】选项卡中，【允许】选择"自定义"，【公式】输入"=AND(COUNTIF($E:$E,E2)=1,OR(LEN(E2)=15, LEN(E2)=18))"。向下复制 E2 单元格的有效性。

⑤性别。选中 F2 单元格，输入公式："=IF(MOD(MID(E2, IF(LEN(E2)=18,17,15),1),2)= 0, " 女 "," 男 ")"，向下复制公式。一代身份证有 15 位，其最后一位是性别位；二代身份证有 18 位，其第 17 位是性别位；奇数为男，偶数为女。

⑥民族。首先在"参数表"中输入"民族"。选中"员工基本信息表"的 H 列，对其"数据有效性"进行设置。打开【数据验证】对话框，在【设置】选项卡中，【允许】选择"序列"，【来源】设置为"= 参数表 !$B$3:$B$7"。

⑦最高学历。首先在"参数表"中输入"学历"。选中"员工基本信息表"的 G 列，对其"数据有效性"进行设置。打开【数据验证】对话框，在【设置】选项卡中，【允许】选择"序列"，【来源】设置为"= 参数表 !$C$3:$C$8"。

⑧联系方式。选中 M 列，设置为文本格式。

第3步 对表格标题行进行保护，防止操作人员修改或者破坏表格。

①保护前，首先把相关字段的列宽设置到合适的宽度，因为保护后不知道密码的人是不能修改列宽的。

②选中整个工作表，按【Ctrl+1】组合键，弹出【设置单元格格式】对话框，再选择【保护】选项卡，取消选中【锁定】复选框，单击【确定】按钮保存。

③选中 A1:N1 区域，按【Ctrl+1】组合键，弹出【设置单元格格式】对话框，选择【保护】选项卡，选中【锁定】复选框，单击【确定】按钮保存。

④选择【审阅】选项卡，单击【更改】组中的【保护工作表】按钮，在弹出的【保护工作表】对话框中只选中【选定未锁定的单元格】，输入两次保护密码，单击【确定】按钮保存。

8.8 考勤表格设计

考勤工作实际上并不简单，每个单位内部不同岗位的工作人员职能不同，考勤办法也不尽相同，不同单位的考勤制度更是五花八门，考勤工作的结果又直接影响着员工的工资发放，所以非常重要。

在本例中，把复杂的考勤工作简单化，假定每个月的打卡记录和每个月的考勤统计数据都单独放在一张工作表中保存，主要展示 Excel 在该工作中的应用，使用这个强大的工具可以自动、高效、准确地处理很多工作，把工作人员从日常事务中解放出来。

假设单位平时打卡登记上下班时间，每月初统计上个月单位的出勤情况。设计 5 张工作表分别存放不同类信息。

（1）参数表。存放每月的出勤天数、每天上下班时间，以及上例中的部门、民族、学历等相对固定不变的信息。表中数据按照本单位实际情况录入即可，日常也可以修改和增删。

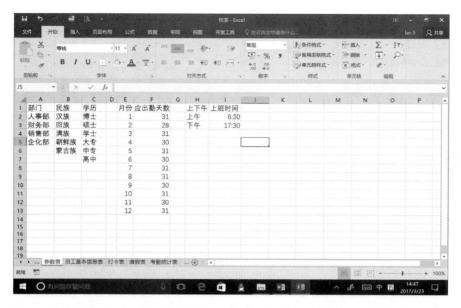

（2）员工基本信息表。这就是上例中设计的表格，存放本单位员工基本情况，进新员工时增加记录，员工离职后删除记录，但是删除记录前一定要做好数据备份，特别是与该表相关的其他表格要做好备份，最好打印出来存档，留下不同时间节点的工作痕迹。单位要制定严格的管理制度，规定记录删除的时间节点、操作流程等，不然会造成记录信息的不完整。

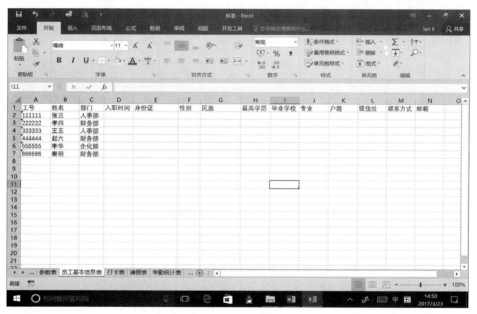

（3）打卡表。存放员工每天上下班打卡时间信息。假定每天上班刷一次卡、下班刷一次卡，刷卡时系统自动记录刷卡人的工号、刷卡日期、刷卡时间，并能自动判断是"上班"还是"下班"刷卡，同时根据单位规定的每天上下班时间判断是否迟到、早退，发生一次迟到、早退现象记录违纪"0.5"天。该表不需要工作人员做任何操作，在购置刷卡系统时要把本单位具体要求告知供应商，能实现这些功能即可。

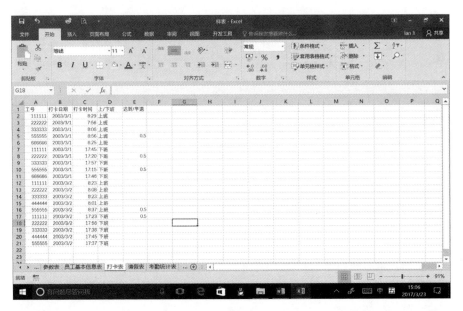

（4）请假表。存放单位员工请假信息。所有请假事项需要依据领导批准过的请假申请录入，除"姓名"字段自动填充外，其他字段都需要由工作人员手工录入，其中"时长"字段只记录两种情况"半天和一天"，分别用"½和¹"表示（½和¹是两个特殊字符），请假一天产生一条记录，如果某人请了3天假就要产生3条"请假日期"不同的记录。

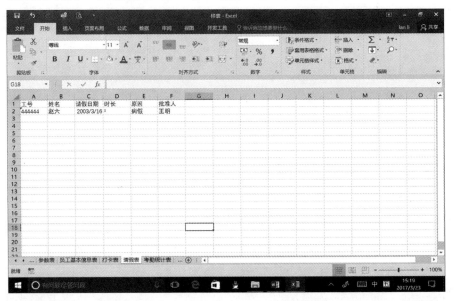

（5）考勤统计表。存放每个月单位所有员工的考勤汇总信息。表中除了"黄底红字"处文字之外，其他所有单元格在统计前均为空白。统计某月考勤情况时，只需要录入"年"和"月"，本例中是"2003"和"3"，表中其他单元格数据全部自动填充。该表每月一张，从表上可以看出每个员工在统计月中每天的迟到、早退、请假情况，以及当月实际出勤的汇总天数。为了简化表格设计，本例中没有考虑旷工、产假、公休假、出差等诸多情况。

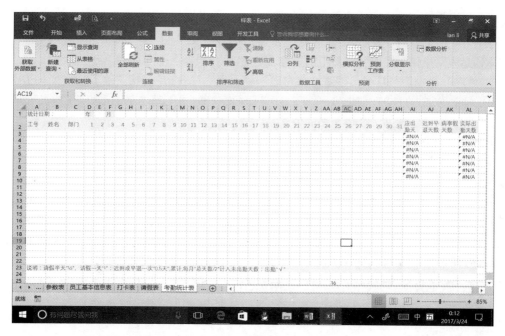

这5个表各司其职,相互配合共同完成考勤管理工作。其中参数表、员工基本信息表极少维护,打卡表不需人工维护,请假表需要人工录入数据,考勤统计表只需录入统计的年和月,当月汇总数据全部可以自动填充。可以看出考勤统计表不但结构最复杂,而且其中的所有数据均源于其他4张基础表。下面主要介绍请假表和考勤统计表的设计过程。

1. 请假表的设计

① 工号。选中 A 列,设置为文本格式。假设工号由 6 位字符组成,此表中工号可以出现重复数据。选中 A2 单元格,设置其"数据有效性",打开【数据验证】对话框,在【设置】选项卡中,【允许】选择"文本长度",【数据】选择"等于",【长度】输入"6"。向下复制A2 单元格的有效性。

② 姓名。根据"工号"自动从"员工基本信息表"中取得。在 B2 单元格中输入公式"=IF(A2<>"",VLOOKUP(A2, 员工基本信息表 !$A:$B,2),"")"。向下复制 B2 单元格的公式。

③ 请假日期。选中 C 列,设置为短日期格式。

④ 时长。如果请假半天,录入"½",请假一天,录入"1",这是两个特殊符号。选中D2 单元格,设置其"数据有效性",打开【数据验证】对话框,在【设置】选项卡中,【允许】选择"序列",【来源】输入"½,1"。向下复制 D2 单元格的有效性。

⑤ 原因。有两种情况,"病假"或者"事假"。选中 E2 单元格,设置其"数据有效性",打开【数据验证】对话框,在【设置】选项卡中,【允许】选择"序列",【来源】输入"病假,事假"。向下复制 E2 单元格的有效性。

2. 考勤统计表的设计

当录入"年"和"月"后,所有单元格数据自动根据"打卡表"和"请假表"中的考勤信息计算并填充。

① 工号。自动从"员工基本信息表"中提取所有员工。在 A3 单元格中输入公式"=IF(AN

D(NOT(ISBLANK($C$1)),NOT(ISBLANK($E$1))),IF(ISBLANK(员工基本信息表 !A2),"", 员工基本信息表 !A2),"")"。向下复制 A3 单元格的公式。即判断"年"和"月"均输入数据后自动从"员工基本信息表"中依次提取所有员工的工号。

② 姓名。根据工号从"员工基本信息表"中引用。在 B3 单元格中输入公式"=IF(AND(NOT(ISBLANK($C$1)),NOT(ISBLANK($E$1))),IF(ISBLANK(员工基本信息表 !B2),"", 员工基本信息表 !B2),"")"。向下复制 B3 单元格的公式。

③ 部门。根据工号从"员工基本信息表"中引用。在 C3 单元格中输入公式"=IF(AND(NOT(ISBLANK($C$1)),NOT(ISBLANK($E$1))),IF(ISBLANK(员工基本信息表 !C2),"", 员工基本信息表 !C2),"")"。向下复制 C3 单元格的公式。

④ 1（日）。首先，判断"请假表"中该人当天有无记录，如果有则把"时长"值填充在当前单元格中，如果无则再看"打卡表"中的刷卡记录。为方便在"请假表"中找到相关请假记录，添加一列辅助列——合并工号和请假日期，放"时长"字段前，在 D2 单元格中输入公式"=A2&YEAR(C2)&MONTH(C2)&DAY(C2)"。向下复制 D2 单元格公式。

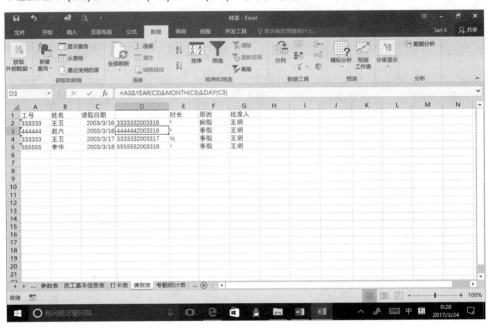

其次，在"打卡表"中查找该人刷卡信息，如果有迟到或者早退则累加"天数"，并记入统计表当前单元格中。在 D3 单元格中输入公式"=IF(ISERROR(VLOOKUP($A3&$C$1&$E$1&D$2, 请假表 !$D$2:$E$5,2,)="#N/A"),IF(SUMIFS(打卡表 !$E$2:$E$21, 打卡表 !$A$2:$A$21, 考勤统计表 !$A3, 打卡表 !$B$2:$B$21, 考勤统计表 !$C$1&"/"& 考勤统计表 !$E$1&"/"& 考勤统计表 !D$2)=0,"",SUMIFS(打卡表 !$E$2:$E$21, 打卡表 !$A$2:$A$21, 考勤统计表 !$A3, 打卡表 !$B$2:$B$21, 考勤统计表 !$C$1&"/"& 考勤统计表 !$E$1&"/"& 考勤统计表 !D$2)), VLOOKUP($A3&$C$1&$E$1&D$2, 请假表 !$D$2:$E$5,2,))"。向下复制 D3 单元格的公式，向右复制 D3 单元格的公式到 31（日）列。

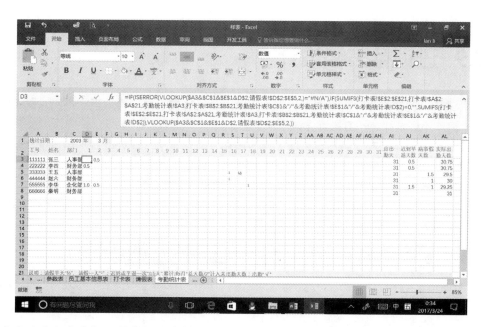

这个公式实在太长，其实用公式这种办法实现此功能并不是上策，可以在学习了 VBA 后用编程的方法解决此类复杂的问题。

注意，对打卡表行数的引用！如果单位有 100 个员工，每天刷两次卡，一个月按 31 天计算，一个月的数据量为 6200 行。如果该表记录一年的刷卡数据，则要引用 74400 行记录，所以可以考虑每个月的刷卡数据单独保存在一张工作表中。这样还要设计好工作表的名称，因为在表间进行数据引用时"工作表名"也是要被引用的。

⑤ 应出勤天数。根据统计"月"从"参数表"中引用。在 AI3 单元格中输入公式"=IF(NOT(ISBLANK(A3)),VLOOKUP($E$1,参数表 !$E$2:$F$13,2),A3)"。向下复制 AI3 单元格的公式。

⑥ 迟到、早退天数。引用 D3:AH3 区域，直接累加填充的数据"0.5"和"1"，迟到或者早退一次记"0.5 天"，如果当天迟到和早退各有一次，则记为"1 天"。在 AJ3 单元格中输入公式"=IF(SUM(D3:AH3)=0,"",SUM(D3:AH3))"。向下复制 AJ3 单元格的公式。

⑦ 病事假天数。引用 D3:AH3 区域，统计特殊字符"½"和"1"的个数，换算为天数进行累加。在 AK3 单元格中输入公式"=IF(COUNTIF(D3:AH3,"½")*0.5+COUNTIF(D3:AH3,"1")=0,"",COUNTIF(D3:AH3,"½")*0.5+COUNTIF(D3:AH3,"1"))"。向下复制 AK3 单元格的公式。

⑧ 实际出勤天数。当月应出勤天数 – 迟到早退天数 /2– 病事假天数，在此，迟到和早退天数减半计入。在 AL3 单元格中输入公式"=AI3–IF(AJ3<>"",AJ3/2,0)–IF(AK3<>"",AK3,0)"。向下复制 AL3 单元格的公式。

3. 对两张表结构的保护设置

过程参照 8.7 节对"员工基本信息表"的保护设置。

最后还要强调的是数据安全，不要只看到考勤统计表能自动填充所有汇总数据，还要想到一旦动下其他 4 张表中任何一个被其引用的数据，则后果也相当严重——统计表中的数据会自动更新！所以每个月汇总结果出来后，对最终的考勤统计表格一定要对"数据值"进行"复制"→"选择性粘贴"，即去除公式后仅复制数据的备份，否则数据可能不完整。

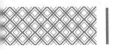

8.9 进销存表格设计

公司进货、销售和库存在管理上也相当复杂，公司规模不同、管理模式不同、财务管理制度不同，造成不好设计统一的物资进销存系统。

在本例中，仍然把复杂的物资管理工作简单化，假定每个月的进出流水和每个月的盘存数据单独放在一张工作表中保存，目的在于展示 Excel 在该工作中的应用。假设所有物资存放在一个仓库中，只对仓库管理工作设计 4 张工作表分别存放不同类信息。

（1）参数表。存放货物名称、品牌、单位、货物分类、部门、经手人等相对固定不变的信息。表中数据按照本单位实际情况录入即可，日常也可以修改和增删。

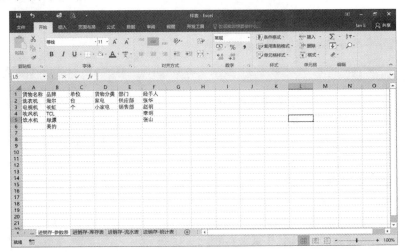

（2）库存表。存放仓库每个盘存周期期初的物资存放信息。该表建立后基本不需要太多人工维护，有新物资入库时要首先在该表中增加其基本信息，才可以在其他两表中处理该物资进出以及统计。日常也可以修改和删除物资记录，但是物资编号一旦录入不能修改，删除记录也必须备份后按章处理，不然会导致流水表和统计表数据不一致或者数据不完整。

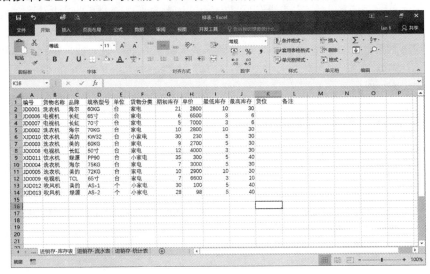

（3）流水表。存放每笔进出仓库记录。该表建立后，仓库每发生一次物资的进出事务，就要在表中记录进出单上的基本信息。

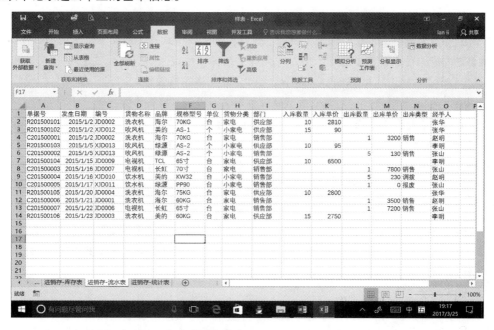

（4）统计表。在规定的盘存日期对仓库物资进行一次汇总，一般每月进行一次。只需要在表头部输入盘存的年份和月份，其他单元格区域数据能自动根据库存表和流水表计算并填充数据。

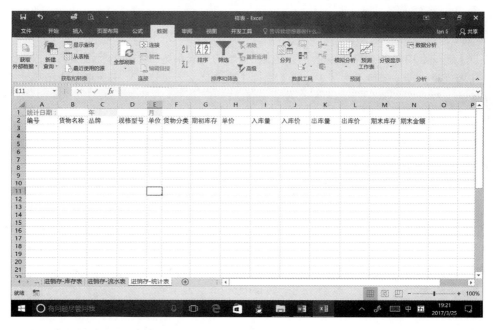

后 3 个表分别记录仓库物资不同状态下的数据，共同完成仓库物资的管理工作。其中库存表极少维护，流水表人工处理最多，统计表只需录入统计的年和月，当月汇总数据全部可以自动填充。下面看看这 3 个表的设计过程。

1. 库存表设计

① 编号。假设物资编号由 6 位字符组成，并且编号不能出现重复数据。选中 A2 单元格，在【数据】选项卡中单击【数据验证】按钮，在弹出的列表中选择【数据验证】选项，弹出【数据验证】对话框。在【设置】选项卡中，【允许】选择"自定义"，【公式】输入"=AND(COUNTIF($A:$A,A2)=1,LEN(A2)=6)"。向下复制 A2 单元格的有效性。

② 货物名称。选中 B 列，对其"数据有效性"进行设置。打开【数据验证】对话框，在【设置】选项卡中，【允许】选择"序列"，【来源】设置为"=' 进销存 – 参数表 '!$A$2:$A$5"。

③ 品牌。选中 C 列，对其"数据有效性"进行设置。打开【数据验证】对话框，在【设置】选项卡中，【允许】选择"序列"，【来源】设置为"=' 进销存 – 参数表 '!$B$2:$B$6"。

④ 单位。选中 E 列，对其"数据有效性"进行设置。打开【数据验证】对话框，在【设置】选项卡中，【允许】选择"序列"，【来源】设置为"=' 进销存 – 参数表 '!$C$2:$C$3"。

⑤ 货物分类。选中 F 列，对其"数据有效性"进行设置。打开【数据验证】对话框，在【设置】选项卡中，【允许】选择"序列"，【来源】设置为"=' 进销存 – 参数表 '!$D$2:$D$3"。

2. 流水表设计

① 单据号。假设单据号由 10 位字符组成，并且单据号不能出现重复数据。选中 A2 单元格，在【数据】选项卡中单击【数据验证】按钮，在弹出的列表中选择【数据验证】选项，弹出【数据验证】对话框。在【设置】选项卡中，【允许】选择"自定义"，【公式】输入"=AND(COUNTIF($A:$A,A2)=1,LEN(A2)=10)"。向下复制 A2 单元格的有效性。

② 发生日期。选中 B 列，设置为短日期格式。

③ 编号。假设物资编号由 6 位字符组成，该表中编号可以出现重复数据。选中 A2 单元格，在【数据】选项卡中单击【数据验证】按钮，在弹出的列表中选择【数据验证】选项，弹出【数据验证】对话框。在【设置】选项卡中，【允许】选择"文本长度"，【数据】选择"等于"，【长度】输入"6"。向下复制 A2 单元格的有效性。

④ 货物名称。根据输入的货物"编号"，自动从"库存表"中获取"名称"并填充。选中 D2 单元格，输入公式"=IF(C2<>"",VLOOKUP(C2,' 进销存 – 库存表 '!$A$2:$B$14,2,0),"")"。向下复制公式。

⑤ 品牌。根据输入的货物"编号"，自动从"库存表"中获取"品牌"并填充。选中 E2 单元格，输入公式"=IF(C2<>"",VLOOKUP(C2,' 进销存 – 库存表 '!$A$2:$C$14,3,0),"")"。向下复制公式。

⑥ 单位。根据输入的货物"编号"，自动从"库存表"中获取"单位"并填充。选中 G2 单元格，输入公式"=IF(C2<>"",VLOOKUP(C2,' 进销存 – 库存表 '!$A$2:$E$14,5,0),"")"。向下复制公式。

⑦ 货物分类。根据输入的货物"编号"，自动从"库存表"中获取"分类"并填充。选中 H2 单元格，输入公式"=IF(C2<>"",VLOOKUP(C2,' 进销存 – 库存表 '!$A$2:$F$14,6,0),"")"。向下复制公式。

⑧ 部门。选中 I 列，对其"数据有效性"进行设置。打开【数据验证】对话框，在【设置】选项卡中，【允许】选择"序列"，【来源】设置为"=' 进销存 – 参数表 '!$E$2:$E$3"。

⑨ 出库类型。有 3 种情况，"销售""调拨"或者"报废"。选中 N2 单元格，设置其"数据有效性"，打开【数据验证】对话框，在【设置】选项卡中，【允许】选择"序列"，【来源】输入"销售，调拨，报废"。向下复制 N2 单元格的有效性。

⑩ 经手人。选中 O 列，对其"数据有效性"进行设置。打开【数据验证】对话框，在【设置】选项卡中，【允许】选择"序列"，【来源】设置为"='进销存－参数表'!$F$2:$F$5"。

另外，对于"入库数量、入库单价、出库数量、出库单价"也需要设置输入条件：当"单据号"首字符为"R"时，只能在"入库数量、入库单价"列输入数据，并且值要"≥1 或者 >0"；当"单据号"首字符为"C"时，只能在"出库数量、出库单价"列输入数据，并且值要"≥1或者≥0"，因为"报废"时"单价"为 0。

- 选中 J2 单元格，在【数据】选项卡中单击【数据验证】按钮，在弹出的列表中选择【数据验证】选项，弹出【数据验证】对话框。在【设置】选项卡中，【允许】选择"自定义"，【公式】输入"=AND(LEFT(A2,1)="R",J2>=1)"。向下复制 J2 单元格的有效性。

- 选中 K2 单元格，在【数据】选项卡中单击【数据验证】按钮，在弹出的列表中选择【数据验证】选项，弹出【数据验证】对话框。在【设置】选项卡中，【允许】选择"自定义"，【公式】输入"=AND(LEFT(A2,1)="R",K2>0)"。向下复制 K2 单元格的有效性。

- 选中 L2 单元格，在【数据】选项卡中单击【数据验证】按钮，在弹出的列表中选择【数据验证】选项，弹出【数据验证】对话框。在【设置】选项卡中，【允许】选择"自定义"，【公式】输入"=AND(LEFT(A2,1)="C",L2>=1)"。向下复制 L2 单元格的有效性。

- 选中 M2 单元格，在【数据】选项卡中单击【数据验证】按钮，在弹出的列表中选择【数据验证】选项，弹出【数据验证】对话框。在【设置】选项卡中，【允许】选择"自定义"，【公式】输入"=AND(LEFT(A2,1)="C",M2>=0)"。向下复制 M2 单元格的有效性。

3. 统计表设计

每个盘存日工作人员在 B1 单元格中输入年份，在 D1 单元格中输入月份，其他单元格中数据能自动从另外几张工作表中取得、汇总并填充在相应位置。

①编号、货物名称、品牌、规格型号、单位、货物分类。

- 编号。自动从"库存表"中提取所有物资编号。在 A3 单元格中输入公式"=IF(AND(NOT(ISBLANK($B$1)),NOT(ISBLANK($D$1))),IF(ISBLANK('进销存－库存表'!A2),"",'进销存－库存表'!A2),"")"。向下复制 A3 单元格的公式。

- 货物名称。自动从"库存表"中提取所有物资名称。在 B3 单元格中输入公式"=IF(AND(NOT(ISBLANK($B$1)),NOT(ISBLANK($D$1))),IF(ISBLANK('进销存－库存表'!B2),"",'进销存－库存表'!B2),"")"。向下复制 B3 单元格的公式。

- 品牌。自动从"库存表"中提取所有物资品牌。在 C3 单元格中输入公式"=IF(AND(NOT(ISBLANK($B$1)),NOT(ISBLANK($D$1))),IF(ISBLANK('进销存－库存表'!C2),"",'进销存－库存表'!C2),"")"。向下复制 C3 单元格的公式。

- 规格型号。自动从"库存表"中提取所有物资规格型号。在 D3 单元格中输入公式"=IF(AND(NOT(ISBLANK($B$1)),NOT(ISBLANK($D$1))),IF(ISBLANK('进销存－库存表'!D2),"",'进销存－库存表'!D2),"")"。向下复制 D3 单元格的公式。

- 单位。自动从"库存表"中提取所有物资单位。在 E3 单元格中输入公式"=IF(AND(NOT(ISBLANK($B$1)),NOT(ISBLANK($D$1))),IF(ISBLANK(' 进销存 – 库存表 '!E2),"",' 进销存 – 库存表 '!E2),"")"。向下复制 E3 单元格的公式。

- 货物分类。自动从"库存表"中提取所有物资分类。在 F3 单元格中输入公式"=IF(AND(NOT(ISBLANK($B$1)),NOT(ISBLANK($D$1))),IF(ISBLANK(' 进销存 – 库存表 '!F2),"",' 进销存 – 库存表 '!F2),"")"。向下复制 F3 单元格的公式。

②期初库存。自动从"库存表"中提取所有物资分类期初库存。首先，按【Ctrl+1】组合键，弹出【设置单元格格式】对话框，定义 G 列为"数值"类型，并且没有小数位。其次，在 G3 单元格中输入公式"=IF(AND(NOT(ISBLANK($B$1)),NOT(ISBLANK($D$1))),IF(ISBLANK(' 进销存 – 库存表 '!G2),"",' 进销存 – 库存表 '!G2),"")。向下复制 G3 单元格的公式。

③单价。自动从"库存表"中提取所有物资分类期初单价。首先，按【Ctrl+1】组合键，弹出【设置单元格格式】对话框，定义 H 列为"数值"类型，并且没有小数位。其次，在 H3 单元格中输入公式"=IF(AND(NOT(ISBLANK($B$1)),NOT(ISBLANK($D$1))),IF(ISBLANK(' 进销存 – 库存表 '!H2),"",' 进销存 – 库存表 '!H2),"")"。向下复制 H3 单元格的公式。

④入库量。首先，按【Ctrl+1】组合键，弹出【设置单元格格式】对话框，定义 I3 列为"数值"类型，并且没有小数位。其次，在 I3 单元格中输入公式"=IF(SUMIF(' 进销存 – 流水表 '!$C$2:$C$21,' 进销存 – 统计表 '!A3,' 进销存 – 流水表 '!$J$2:$J$24)=0,"",SUMIF(' 进销存 – 流水表 '!$C$2:$C$21,' 进销存 – 统计表 '!A3,' 进销存 – 流水表 '!$J$2:$J$24))"。向下复制 I3 单元格的公式。

⑤入库价。首先，按【Ctrl+1】组合键，弹出【设置单元格格式】对话框，定义 J3 列为"数值"类型，并且没有小数位。其次，在 J3 单元格中输入公式"=IF(ISNUMBER(I3),SUMPRODUCT((' 进销存 – 流水表 '!$C$2:$C$18=' 进销存 – 统计表 '!A3)*(' 进销存 – 流水表 '!$J$2:$J$18)*(' 进销存 – 流水表 '!$K$2:$K$18))/I3,"")"。向下复制 J3 单元格的公式。

⑥出库量。首先，按【Ctrl+1】组合键，弹出【设置单元格格式】对话框，定义 K3 列为"数值"类型，并且没有小数位。其次，在 K3 单元格中输入公式"=IF(SUMIF(' 进销存 – 流水表 '!$C$2:$C$21,' 进销存 – 统计表 '!A3,' 进销存 – 流水表 '!$L$2:$L$24)=0,"",SUMIF(' 进销存 – 流水表 '!$C$2:$C$21,' 进销存 – 统计表 '!A3,' 进销存 – 流水表 '!$L$2:$L$24))"。向下复制 K3 单元格的公式。

⑦出库价。首先，按【Ctrl+1】组合键，弹出【设置单元格格式】对话框，定义 L3 列为"数值"类型，并且没有小数位。其次，在 L3 单元格中输入公式"=IF(ISNUMBER(K3),SUMPRODUCT((' 进销存 – 流水表 '!$C$2:$C$19=' 进销存 – 统计表 '!A3)*(' 进销存 – 流水表 '!$L$2:$L$19)*(' 进销存 – 流水表 '!$M$2:$M$19))/K3,"")"。向下复制 L3 单元格的公式。

⑧期末库存。首先，按【Ctrl+1】组合键，弹出【设置单元格格式】对话框，定义 M3 列为"数值"类型，并且没有小数位。其次，在 M3 单元格中输入公式"=G3+IF(ISNUMBER(I3),I3,0)–IF(ISNUMBER(K3),K3,0)"。向下复制 M3 单元格的公式。

⑨期末金额。首先，按【Ctrl+1】组合键，弹出【设置单元格格式】对话框，定义 N3 列为"数值"类型，并且没有小数位。其次，在 N3 单元格中输入公式"=M3*((G3*H3+IF(ISNUMBER(I3),I3,0)*IF(ISNUMBER(J3),J3,0)))/(G3+IF(ISNUMBER(I3),I3,0))"。向下复制 N3 单元格的公式。

每个月盘存数据如下图所示。

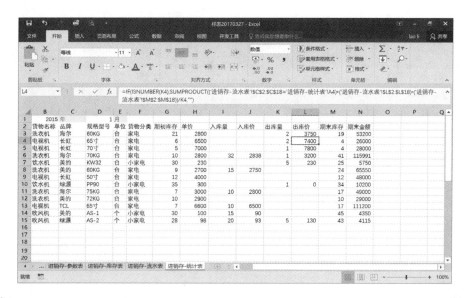

8.10 横向科研经费奖励表格设计

在单位年底科研奖励管理工作中，首先由项目负责人根据实际工作中项目组成员承担工作量情况填写奖金分配比例，然后学校审批、发放奖金。

单位所有已经审核过的奖励横向项目信息保存在"横向科研项目奖励表"中，在填写申请表时只需要填写"项目编码"就能自动找到其他信息并填充在相应单元格中，输入"工号"后能自动在"员工基本信息表"中找到姓名、单位信息并填充在相应单元格中。如果申请表中的分配金额等于"横向科研项目奖励表"中的奖励金额，则在右侧"分配初步校验"处会显示"分配完成"，否则说明分配金额不对，需要重新分配，直到把奖励金额全部分配完为止。

综上所述，本系统一共设计了 3 张表。

（1）员工基本信息表。

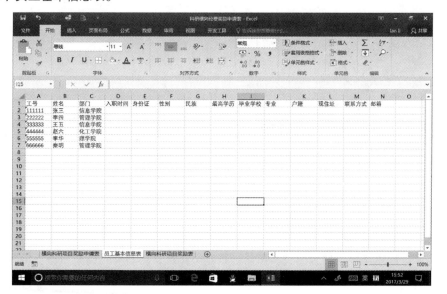

（2）横向科研项目奖励表。

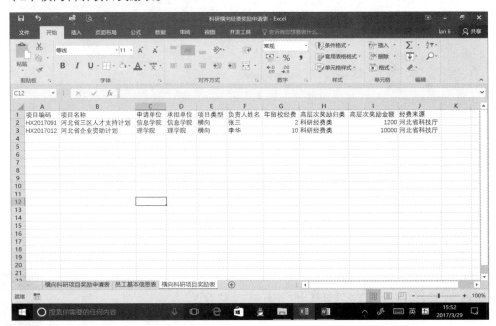

（3）横向科研项目奖励申请表。

在此主要介绍"横向科研项目奖励申请表"的设计过程。

该表在填写过程中只允许在绿色框中输入信息。录入数据流程如下。

第一步：输入项目编码。

第二步：输入分配给人员的工号。

第三步：输入分配金额。

要求奖励金额本年度全部分配完，不能预留至下年度，待右侧"自动审核提示"中的"分配初步核验"显示"分配完成"时，可保存并打印表格。

（1）利用"数据有效性"功能添加"步骤提示"。单击F5单元格，在【数据】选项卡中单击【数据验证】按钮，弹出【数据验证】对话框，选中【输入信息】选项卡，在【输入信息】框中输入"第一步：请输入学校通知的"奖励编码"。"，单击【确定】按钮保存。同上，选中 C9:C20 区域，设置【输入信息】为"第二步：请输入工号。"；选中 F9:F20 区域，设置【输入信息】为"第三步：请分配金额。"。

（2）定义第一步输入"项目编码"后找到"横向科研项目奖励表"中相应数据填充在"申请表"中。

- 申请单位：选中 C2 单元格，输入公式"=IF(F5<>"",VLOOKUP(F5, 横向科研项目奖励表 !A:C,3),"")"。
- 申请日期：选中 F2 单元格，输入公式"=IF(F5<>"",TODAY(),"")"。
- 项目名称：选中 D3 单元格，输入公式"=IF(F5<>"",VLOOKUP(F5, 横向科研项目奖励表 !A:B,2),"")"。
- 项目类型：选中 D4 单元格，输入公式"=IF(F5<>"",VLOOKUP(F5, 横向科研项目奖励表 !A:E,5),"")"。
- 负责人姓名：选中 F4 单元格，输入公式"=IF(F5<>"",VLOOKUP(F5, 横向科研项目奖励表 !A:F,6),"")"。
- 承担单位：选中 D5 单元格，输入公式"=IF(F5<>"",VLOOKUP(F5, 横向科研项目奖励表 !A:D,4),"")"。
- 年留校经费：选中 D6 单元格，输入公式"=IF(F5<>"",VLOOKUP(F5, 横向科研项目奖励表 !A:G,7),"")"。
- 高层次奖励归类：选中 F6 单元格，输入公式"=IF(F5<>"",VLOOKUP(F5, 横向科研项目奖励表 !A:H,8),"")"。
- 经费来源：选中 D7 单元格，输入公式"=IF(F5<>"",VLOOKUP(F5, 横向科研项目奖励表 !A:J,10),"")"。
- 高层次奖励金额：选中 F7 单元格，输入公式"=IF(F5<>"",VLOOKUP(F5, 横向科研项目奖励表 !A:I,9),"")"。

（3）定义第二步输入"工号"后找到"员工基本信息表"中相应数据填充在"申请表"中。

- 姓名：选中 D9 单元格，输入公式"=IF(C9<>"",VLOOKUP(C9, 员工基本信息表 !A:B,2),"")"。
- 所有单位：选中 E9 单元格，输入公式"=IF(C9<>"",VLOOKUP(C9, 员工基本信息表 !A:C,3),"")"。

（4）定义第三步输入所有人员分配"金额"后初步判断分配是否符合规定，在"自动审核提示"区域显示信息。

- 待分配奖励总额：选中 I9 单元格，输入公式"=F7"。
- 已分配奖励金额：选中 I10 单元格，输入公式"=SUM(F9:F20)"。
- 还余：选 L10 单元格，输入公式"=IF(ISNUMBER(I9),I9-I10,"")"。
- 分配初步校验：选中 I11 单元格，输入公式"=IF(L10=0," 分配完成 ","")"。同时设置该单元格为 20 号字，红色字体，加粗。在【开始】选项卡中单击【条件格式】按钮，在弹出的列表中选择【突出显示单元格规则】下的【其他规则】选项。在弹出的对话框中选择【使用公式确定要设置格式的单元格】选项，公式中输入"=L10=0"，单击【格式】按钮，设置【填充】为"浅绿"色。按【确定】按钮保存。

定义好所有单元格设置后，在项目编码单元格中输入"HX2017091"，输入分配奖励人员工号和金额，系统会自动进行初步审核，检查分配是否符合规定并给出"分配完成"的提示信息，用户就可以打印申请表、领导审核签字了。

（5）保护用户不能编辑的区域。

• 选中 A1:M22 区域，按【Ctrl+1】组合键，弹出【设置单元格格式】对话框，再选择【保护】选项卡，取消选中【锁定】复选框，单击【确定】按钮保存。

• 选中 A1:M22 区域中除绿色外的所有单元格，按【Ctrl+1】组合键，弹出【设置单元格格式】对话框，选择【保护】选项卡，选中【锁定】复选框，单击【确定】按钮保存。

• 选择【审阅】选项卡，单击【更改】按钮组中的【保护工作表】按钮，在弹出的【保护工作表】对话框中只选中【选定未锁定的单元格】，输入两次保护密码，在此输入的密码是"123"，单击【确定】按钮保存。

通过上面3步设置，保护了除绿色区域之外的其他单元格只能阅读不能选中和做任何操作了。另外，也可以同时把"员工基本信息表"和"横向科研项目奖励表"也保护起来，以免被用户修改。或者可以把这两张表隐藏起来。

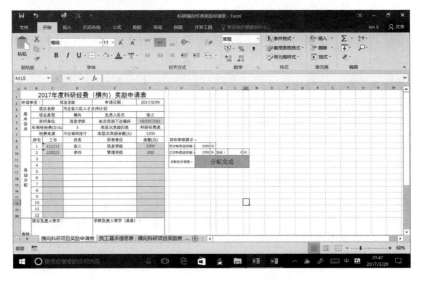

第9章

图表生成之道

本章导读

1. 知道装扮图表有什么用吗？

2. 会制作复合图表吗？

3. 层叠柱形图表的设计，你知道吗？

4. 怎样制作动态图表？

思维导图

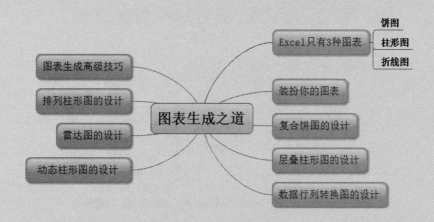

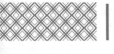

9.1 Excel 只有 3 种图表

数据分析界有一句经典名言"字不如表，表不如图"。Excel 2016 版提供了 15 种大类的标准图表，包括了我们工作中需要用到的各种图表类型。我们经常会用到哪些图呢？当然是饼图、柱形图、折线图！只要熟悉这 3 种常用图表的创建，其他图表就很容易摸索了。

先看看图表中的 8 大元素。

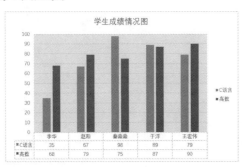

9.1.1 饼图

饼图主要用来显示组成数据系列的各分类项在总和中所占的比例，通常只显示一个数据系列，其中饼图、复合饼图、分离型饼图最为常用。（素材文件 \ch09\9.1.1 饼图 .xlsx）

例如，在全国第六次人口普查时，郑州市各城区常住人口情况如下表所示，市区含金水区、中原区、二七区、管城区、惠济区 5 个中心城区，其他为周边地区。如果要展示各城区常住人口所占比例情况，饼图是最适合不过了。观察统计表中数据你会发现一共有 12 个区，并且每个区人口所占比例都不太大，如果我们把 12 个区作为 12 类数据项全部放在一个饼图中，效果非常不好，重点不突出，饼图中分割既多又乱。

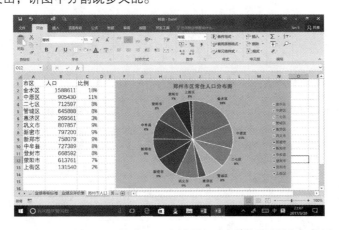

一般一个饼图上分割在 5 块左右比较合适，大块放上面或按顺时针方向排列，看起来最舒服。为了突出中心城区的常住人口，也为了减少图中的数据块，我们可以先把数据处理一下，把非中心城区一律作为"周边"城区显示为一个数据块。现在图中的分割比刚才少了很多，并且突出了中心城区的人口信息。

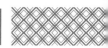

在分类较多的情况下，使用单独的饼图虽然突出了一个分类信息，但却忽略了其他分类信息，对比效果也不明显，如果改为复合饼图，则能很好地解决这一问题。还是上面的例子，如果我们需要在饼图中把周边城区的人口比例情况也展示出来，就试试复合饼图吧。（素材文件 \ch09\9.1.1 饼图 – 双层饼图 .xlsx）

在设计复合饼图时，最关键的是要分析哪个分类信息是你着重要表现的，在饼中把它放大。哪个分类信息是次要表现的，把它缩小。别忘了，创建图前首先要把数据整理一下——汇总次要分类信息，把它作为一个类放在大饼中展示！因为它在大饼中是要占份额的。

对于复合饼图还可以把它设计为更酷的双层饼图。就是在大饼的"周边"扇形区域里面再展示出它包含的全部次要城区人口所占的比例。

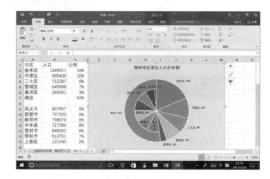

9.1.2 柱形图

柱形图主要用来进行不同分类项之间的对比，其中簇状和堆积两种图形最常用。

柱形簇状图是 Excel 默认的图表，通过柱子高低一目了然谁强谁弱！（素材文件 \ch09\9.1.2 柱形图 .xlsx）

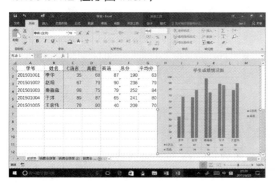

堆积柱形图则更能反映出不同分类项在一个时间段内数据累加和的比较。

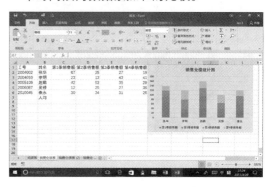

还可以添加人均销售额的"平均线"，这样，谁全年销售额达到了平均水平尽收眼底。（素材文件 \ch09\9.1.2 柱形图 – 带平均线 .xlsx）

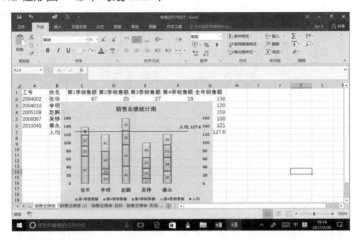

9.1.3 折线图

折线图主要用一系列以折线相连并且间隔相同的点来显示数据变化趋势，其中折线和数据点折线两种类型最为常用。

把上例中的销售业绩制作成折线图，通过折线变化可以明显看出张华的业绩在退步，秦永每个季度的业绩都差不多。（素材文件 \ch09\9.1.3 折线图 .xlsx）

你是不是觉得上面这个折线图太普通了？从下面这个折线图你又能看出什么呢？这是一个组合图，既有柱形又有折线，在这张图上我们可以清晰地看到每个季度谁的销售业绩最好，并且可以看到每个季度公司总的平均销售额的变化情况——总体来说一季度较好，公司全年的销售情况还是比较平稳的。

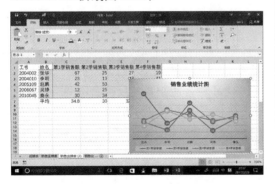

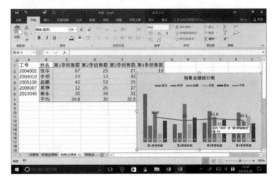

9.2 装扮你的图表

真正的高手，不是会制作高难度的图表，而是知道自己想通过图表表现什么，让人一眼看到什么。一句话，你想要什么！并且高手能把最平常的图表绘制出商务范儿！

Excel 基础图表绘制的关键不在于技术，而在于美观！因为几乎会使用 Excel 的人都会创建基础图表，但是怎么使你的基础图表让人看出其中的不简单呢？这才是最关键、最重要的。

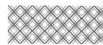

（1）还记得前面介绍的图表中的8大元素吧，装扮一下！让你的图漂亮美观。

选中图表，在顶部的选项卡栏里多了两个浮动选项卡——【设计】和【格式】，在图表的右上角外侧也同时出现3个按钮。选中【格式】选项卡，可以下拉【功能区】左上角的【图表区】，在其中选择要处理的图表对象，可以设置其形状、字体、字形、字号、位置、前景、背景等内容。

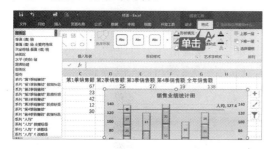

选中【设计】选项卡，可以在【功能区】选择不同按钮，进行添加图表元素、快速布局图表元素、改变元素颜色、利用系统设计好的样式定义图表、在图表中添加数据系列、更改图表类型等设置，都非常快捷、漂亮。

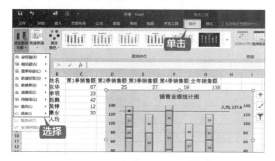

（2）如果想突出图表中最重要的数据块怎么办呢？想突出哪块就另类设置它吧。

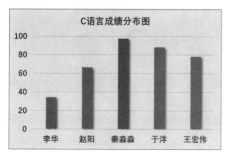

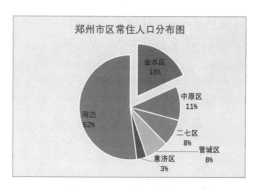

（3）Y坐标轴的刻度是可以重新设置最大值和最小值的，这样就可以调整数据块的高度了。在此特别提醒大家，这个方法非常有用，改变Y轴最大值后可以使数据块或者线条在整个图表中的分布非常均匀，恰到好处。

（4）层叠，制造透明效果。例如，对销售业绩加一个"计划"列，可以用柱形图块的层叠表现出全年完成计划的情况。

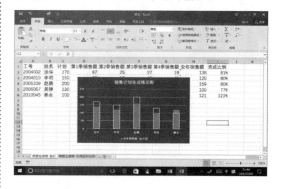

（5）还有很多方法可以使你的图与众不同，以下这些方面你也可以多花些心思去设计。

绘图区域长宽比例要适当，不要使图表看上去细高或扁长。

采用恰当的坐标轴，不要使数据序列最大值和最小值差太多，导致有的数据太大图形几乎跑出图去，有些数据太小贴着 X 轴比它高不了几分，不但不好看而且会导致信息不能清晰地被展示出来。

柱形图中如果数据序列值太大，可以采用条形图，让柱图躺下。

折线图中，如果线条太多，点太多，可以不显示折点上的数据，下面可以带上数据表。

整个图表的色彩搭配不要太花哨。

9.3 复合饼图的设计

对"郑州市人口"制作复合饼图，在大饼图中展示主要城区常住人口比例，在小饼图中展示周边城区常住人口比例。操作步骤如下。（素材文件 \ch09\9.3 郑州市人口 .xlsx）

（1）同时选中"市区"和"比例"两列数据，单击【插入】选项卡中【图表】组中的【饼图】按钮，在下拉菜单中选择【二维饼图】中的【复合饼图】，即在工作表中插入了一大一小的复合饼图。

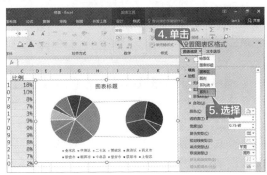

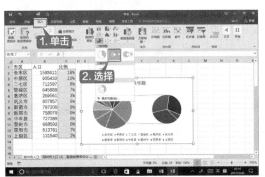

（2）右击饼图，在弹出的快捷菜单中选择【设置图表区域格式】选项。

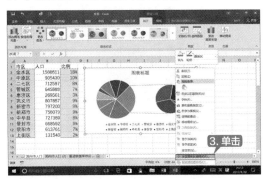

（3）在【设置图表区格式】对话框中单击【图表选项】按钮，选择【系列 1】选项。

（4）在【设置数据系列格式】对话框中单击【系列选项】按钮，设置【第二绘图区中的值】为"7"，即后 7 个市区为"周边城区"，其人口比例要放在小饼图中，而前 5 个区为主城区，其人口比例要放在大饼图中。关闭对话框，复合饼图基本建好，下面需要美化一下。

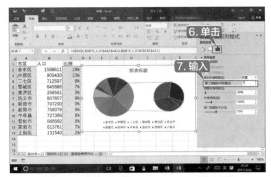

（5）双击"图表标题"进入编辑状态，改为"郑州市区常住人口分布图"。如果要删掉图例，单击"图例"，按【DEL】键删

掉即可。

（6）单击图表，在图外侧右上角出现 3 个按钮，单击最上面的"+"（图表元素）按钮，在列表中单击【数据标签】右边的小按钮弹出下级菜单，在菜单中选择【最佳位置】选项，在图表区域即可显示出每个数据块的类别名称和所占比例。

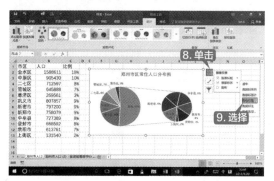

（7）选中图表标题、所有数据标签，设

置"加粗"字体。大、小饼图中的标签都是"黑色"字，与背景反差太小，显示不清楚，可以设置为"白色"字。单击每个标签，设置颜色为"白色"字。单击"图表区"空白处，在【开始】选项卡中的【字体】组中选择【填充颜色】中合适的颜色，为图表加上背景。

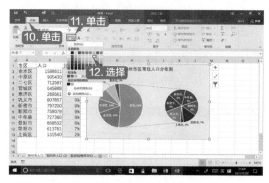

（8）连接两个饼图的线是"系列线1"，单击后可以设置它的粗细、颜色。

9.4 层叠柱形图的设计

对"销售业绩表"，如果有年初的销售"计划"，又有年底的"全年销售额"，可以生成层叠柱形图，制造透明效果，展示出年底销售完成计划情况。操作步骤如下。（素材文件 \ch09\9.4.xlsx）

（1）同时选中"姓名""计划"和"全年销售额"3列数据，选择【插入】选项卡中【图表】组中的【插入柱形图或条形图】，在下拉菜单中选择【簇状柱形图】。

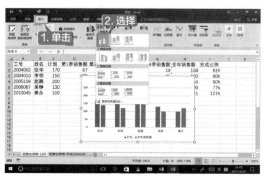

划"和"全年销售额"两个柱形即可重合；设置【系列绘制在】值为"次坐标轴"。这时，在图表区的右侧出现"次 Y 轴"，并且它的值域与左边的"主 Y 轴"不同。

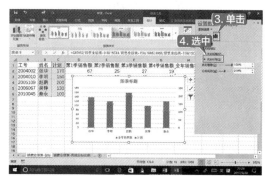

（2）双击蓝色"计划"柱形，弹出【设置数据系列格式】对话框，在【系列选项】中设置【系列重复】值为"100%"，则"计

（3）我们可以设置"次 Y 轴"的值域也是0~180，也可以删掉它，只用"主 Y 轴"说明销售金额。单击"次 Y 轴"，按【DEL】

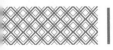
键删除。设置"图表区"为紫色，修改图表标题为"销售计划完成情况图"，设置标题、Y轴数值、X轴姓名、图例都为"加粗""白色"字。

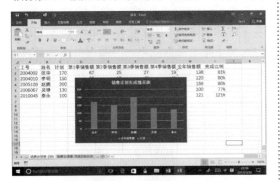

（4）用鼠标右键单击"计划"柱形，在弹出的快捷菜单中选择【设置数据系列格式】，在弹出的对话框中单击【填充与线条】按钮，设置【填充】为"无填充"，【边框】为"实线""黄色""1.5磅"。

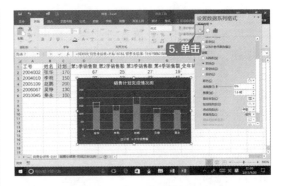

设置结束，关闭对话框，即可展示出一个"计划"和"实际完成"的销售额相层叠的柱形图，图中每人销售计划的完成情况一目了然。

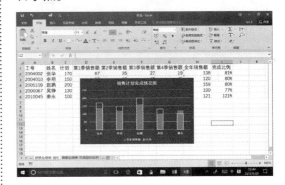

9.5 数据行列转换图的设计

利用"销售业绩表"展示每个季度所有业务员的销售额对比情况，并且显示出每个季度所有业务员的平均销售额。操作步骤如下。（素材文件\ch09\9.5.xlsx）

求出每个季度的平均销售额。

第1步 选中 B1:F6 单元格区域，插入【簇状柱形图】。

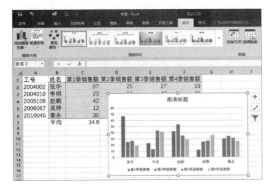

第2步 单击图表，在【设计】选项卡中单击【数据】组中的【切换行／列】按钮。

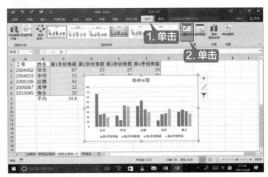

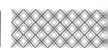

第 3 步 选中图表，在【设计】选项卡中单击【数据】组中的【选择数据】按钮，弹出【选择数据源】对话框。

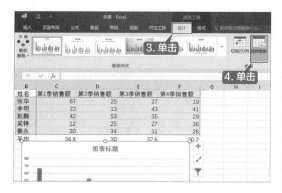

第 4 步 在【选择数据源】对话框中单击【添加】按钮，在弹出的【编辑数据系列】对话框中设置【系列名称】为"B7"单元格，【系列值】为"C7:F7"单元格区域，保存设置。

第 5 步 单击绿色的"平均"柱形，单击【设计】选项卡中的【更改图表类型】按钮，弹出【更改图表类型】对话框。

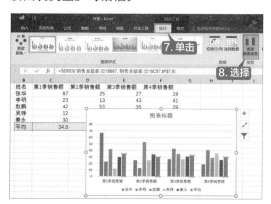

第 6 步 在对话框中的【所有图表】选项卡中选择左边的【组合】图形，在右边框中设置【平均】系列的"图表类型"为"折线图"，

同时勾选【次坐标轴】选项，保存设置。

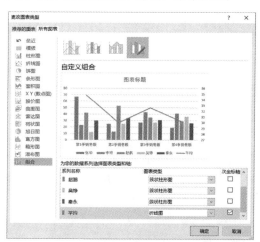

第 7 步 删除右侧的"次 Y 轴"，把"主 Y 轴"的最大值设置为"70"，删除"主 Y 轴"。修改图表标题为"销售业绩统计图"，加粗。同时把 X 轴、图例中的字加粗，把图例移动到标题下方，"绘图区"向下移动。设置"平均"线为红色，"图表区"为浅绿色。

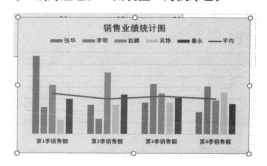

第 8 步 最后设置显示"数据标签"位置为"轴内侧"，数字颜色为白色。可以把"平均"线的图表类型改为"带数据标记的折线图"，并且可以拖动每个季度的"平均销售额"标签到合适位置，加粗、改为红色。

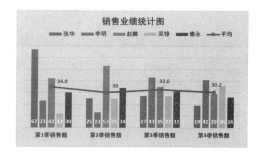

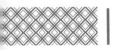
9.6 动态柱形图的设计

如果想每次展示一个季度的所有员工销售业绩，并且是在一个图中可以随机选择哪个季度，动态图表就可以一展它的魅力了。操作步骤如下。（素材文件 \ch09\9.6.xlsx）

第1步 添加"控件"——列表框，可以让用户在列表框中选择要展示的季度。在【开发工具】选项卡中单击【插入】按钮，在弹出的列表中选择【列表框】控件，在工作表中拖曳鼠标画出一个列表框。

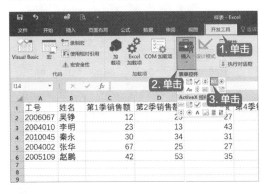

第2步 在I列设计一个在列表框中显示季度选项值的辅助列，输入"第1季、第2季、第3季、第4季、全年"。用鼠标右键单击"列表框"，在弹出的快捷菜单中单击【设置控件格式】按钮，弹出【设置控件格式】对话框。

第3步 选择【控制】选项卡，设置【数据源区域】为"$I$2:$I$6"，【单元格链接】为"$I$1"，单击【确定】按钮保存，列表框中就有了选项。右击列表框控件后可以对其进行外形大小的编辑。

第4步 定义引用数据区域的名称。在【公式】选项卡中单击【定义名称】按钮，选择【定义名称】选项，弹出【新建名称】对话框，定义【名称】为"季度"，【引用位置】中输入公式"=INDEX(动态!$C$2:$G$6,,$I$1)"，然后单击【确定】按钮保存。如果在列表框中选中了"第2季"，因为"第2季"是列表框中5个数据的第2个数据项，所以用INDEX定位到C2:G6区域中的第2列"D2:D6"上，即第2季度数据列，图表中就只显示该季的柱形图了。

第5步 插入柱形图。选中B1:C6区域，插入柱形图。把图表标题修改为"季度销售额"，把列表框移动到图表区的右上角，美化图表区背景颜色，修改Y轴最大值为160，因为显示全年销售额时数值比较大。

第6步 选中图表,在【设计】选项卡中单击【选择数据】按钮,弹出【选择数据源】对话框,在对话框中选中【第1季销售额】复选框,然后单击【编辑】按钮,弹出【编辑数据系列】对话框。

第7步 在【编辑数据系列】对话框中设置【系列名称】为"=" 季度 "",【系列值】为"= 样表 .xlsx! 季度"(刚才定义的名称),然后单击【确定】按钮保存。

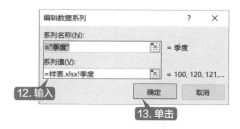

这样,一个按季度可以动态显示销售额的图表就做好了。

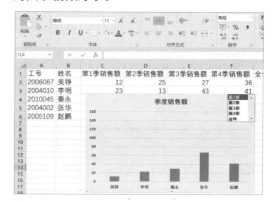

9.7 雷达图的设计

也可以用雷达图展示出每位学生在 C 语言、英语、高数 3 门课程上成绩的对比情况。操作步骤如下。(素材文件 \ch09\9.7.xlsx)

同时选中"姓名、C 语言、高数、英语"4 列数据,单击【插入】选项卡中【图表】组中的【插入曲面图或雷达图】按钮,在弹出的下拉菜单中选择【带数据标记的雷达图】。

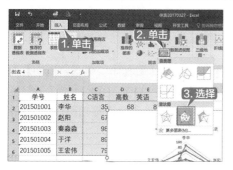

美化图表,修改图标题。从雷达图上可以显示出每个人的强势科目和弱势科目。

把"学生成绩分析图"复制一份放右边,

单击绘图区，单击【设计】选项卡中的【切换行/列】按钮，改变分析为对所有学生各门课程成绩的对比。

雷达图适合对一个或者少量的几个对象在少量的几个项目上进行对比，比较的对象在雷达图内部用连线连接数据顶点，比较的项目（即方面、系列）在外侧四周顶点上，内部对象顶点越靠近外部顶点说明数值越大，表示情况越好；越靠近中心点说明数值越小，情况越糟糕。

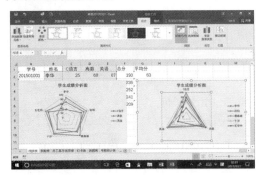

9.8 排列柱形图的设计

各科成绩如果采用柱形图高低比较大小，除了可以让矩形柱统一落在 X 轴上，也可以每隔一定的高度单独显示一科成绩的矩形柱进行比较。这种方法需要设计每科成绩的辅助列，让"原成绩 + 辅助列 =100 分"，即让每门课程柱形所占高度统一为 100，原理是设计成堆积图，然后把图中表示辅助列的数据块隐藏掉，剩余显示出来的数据块即为 3 门课程的原始成绩。操作步骤如下。（素材文件 \ch09\9.8.xlsx）

第1步 添加"C 语言、高数"课程的辅助列，"英语"不需要添加辅助列。

第2步 选中 B1:G6 区域，单击【插入】选项卡中【图表】组中的【插入柱形图或条形图】按钮，在弹出的下拉菜单中选择【三维堆积柱形图】。但这并不是我们要的图，我们需要在 Y 轴上展示每个学生在同一门课程上的成绩比较，即 X 轴上显示学生，Y 轴上显示每门课成绩，所以要把现在图表中的行、列进行转置。

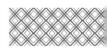

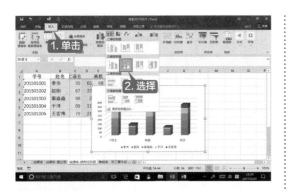

以对它们进行对比了。

第3步 单击图表，单击【设计】选项卡中的【切换行／列】按钮。

第5步 修改图表标题为"成绩分析图"，添加"数据标签"，同时删掉辅助列的数据标签，设置样式，修改柱形块颜色、标签颜色，加粗字体，放大字号、修改 X 轴和 Y 轴旋转角度等。

第4步 分别选中两个辅助列柱形块，图中为黄色和桔色矩形块，把其"填充色"选为"无填充"，剩余部分即为 3 门课程成绩柱形，并且它们位于同一水平网格线上，这样就可

9.9 图表生成高级技巧

前面说过我们平时设计的图表基本是些基础图表，就看我们自己是不是上心，要把它设计得"高大上"，让人有眼前一亮的感觉！下面介绍几个高级技巧。（素材文件 \ch09\9.9.xlsx）

（1）设计一个双 Y 轴图表，分立左右两边的 Y 轴分别用来标记不同类型的数据，这样就可以直观地反映出多组数据的变化趋势。

如果想在销售业绩统计图中同时反映出每个人完成年初计划的比例，该怎么办呢？可以在图表中用左 Y 轴表现每人累计的销售额，用右 Y 轴表现每人完成计划的比例情况。左右 Y 轴单位是不同的。

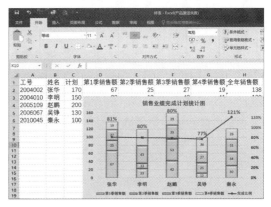

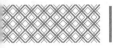
设计这个图表有两个办法。

方法一：用组合图。把第 1 季销售额～第 4 季销售额用堆积柱形图表现，作为主 Y 轴放左边；完成比例用带点的折线图表现，作为次 Y 轴放右边。

方法二：先用堆积柱形图把每人的销售额显示出来，并且销售额作为主 Y 轴；然后添加数据系列"完成比例"，选择带点的折线图，作为次 Y 轴。

图表设计出来后再调整标题、标签、Y 轴值、X 轴值、图例的格式，改变 Y 轴的最大值、标签的位置、图表背景颜色等，你想要的信息就漂漂亮亮地展现在眼前了。

上面这个图中次 Y 轴上的数字是分色的，这样完成业绩的高低从数字区域可以看得一清二楚。

你想突出哪个区域，就把这个区域的数值颜色做醒目设计。鼠标指向次 Y 轴，单击鼠标右键，在弹出的快捷菜单中选择【设置坐标轴格式】。在设置框中对【数字】设置它的【类别】【类型】。【类别】选择"自定义"，【类型】要在下面的【格式代码】框中填写为"[红色][>=1]0%;[蓝色][<0.6]0%;0%"，然后单击【添加】按钮把定义好的格式赋值给【类型】。

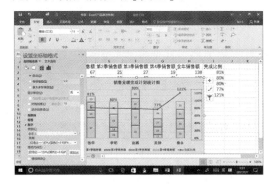

（2）设计一个带有悬空效果的销售业绩统计图，即瀑布图，适合表现汇总数据中包含了哪些数据项，每个数据项有多少。

首先，对销售业绩进行全年的汇总。

其次，同时选中 B2:B7 和 H2:H7 区域，在【插入】选项卡中选择【瀑布图】类型的图表。双击"总计"柱形，系统弹出【设置数据点格式】对话框。在【系列选项】中选中【设置为总计】复选框。

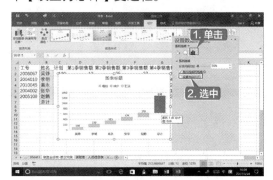

最后，修改图表标题为"全年销售业绩统计图"，添加"图表区"的背景色。一个漂亮的瀑布图就创建好了。

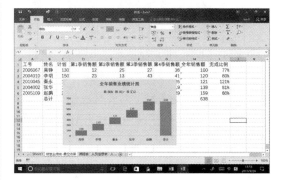

第 10 章

数据透视表生成之道

本章导读

1. 你是否只是用 Excel 来设计"报表型"的表格？

2. 你是否只是用 Excel 在计算机上代替手工在纸表上记录保存数据？

3. 怎样从原始数据中通过分类汇总的方法发现藏在表象背后的故事？

本章将带你领略数据透视表的生成之道。

思维导图

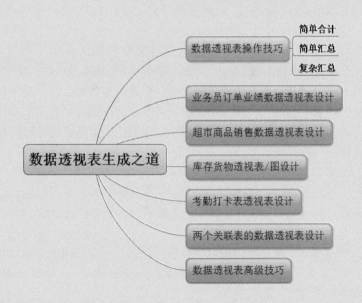

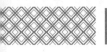

 10.1 数据透视表操作技巧

现在流传着这样一句话"得数据者得天下"！在每个单位的质量管理体系中都需要用适当的统计分析方法对收集来的大量数据进行分析、研究，提取有用信息，概括总结，并形成结论。Excel 中包含的统计分析方法既有简单的数学运算，又有复杂的分类汇总。

在此仍需提醒大家的是，"数据组织才是实现有效数据分析和数据管理的关键"！如果没有这个前提，再强大的功能、再炫的技巧都是枉费。

10.1.1 简单合计

（1）进行"求和、平均值、计数、最大值、最小值"等简单计算。

我们经常只需要对表格中连续数据区域内的行或者列进行求和、平均值、计数、最大值、最小值等计算，这时只要选中原数据区域的数据，同时多选该行或者该列上的一个空单元格，在【开始】选项卡中的【编辑】组中单击【Σ】按钮，选中相应功能函数即可完成任务。其他行、列通过拖动填充柄的方法即可快速进行公式复制。

问题来了，如果对不连续单元格区域内的数据进行求和、平均值等计算时如何处理呢？这就要用到"公式和函数"了。

（2）利用"公式和函数"进行较复杂的数学计算。

Excel 2016 提供了十几类函数，涉及财务、时间和日期、统计、查找与引用等方面，为数据计算和分析带来了极大方便。但是函数不能直接写在单元格中，必须用在公式里。公式是以"="开头的，使用运算符将各种数据、函数、单元格地址连接起来的表达式。

在公式中对单元格引用有 3 种形式：相对引用（如 A4）、绝对引用（如 $A$4）和混合引用（如 $A4 或者 A$4）。

例如，要求"A2、B2：B5、C7：C10"单元格区域的和，公式可以写成"=A2+B2：B5+C7：C10"；也可以用求和函数 SUM()，公式写成"=SUM(A2,B2:B5,C7:C10)"。

像这样，同样的工作其实有很多方法可以实现，但是大多数的数据处理是要通过公式和函数解决的。如果你的小目标是成为一个 Excel 中级选手，建议你花些时间把函数看一遍，对系统中提供了什么函数、能干什么，心中有个大致了解，以后处理实际问题时就知道去哪找、找谁，慢慢积累，定会有得心应手的那一天。

例如，在"服装销售库存分析表"中，（素材文件 \ch10\10.1.1.xlsx）最后一列"需补充件数预测"的值是自动计算填充的，既可提高效率，又能避免人为错误。其计算规则为：如果"现库存"超出"下月预计销售件数"5 件，则下月不需要补充服装；否则，"现库存 + 需补充件数预测"要多于"下月预计销售件数"5 件。

根据取值规则可以看出，最后一列的取值有两种情况，可以利用条件函数 IF() 自动计算并填充在单元格中。在 I2 单元格中输入公式"=IF(G2>H2+5,0,H2−G2+5)"，然后向下复制 I2 单元格的公式自动填充到 I3:I19 区域。

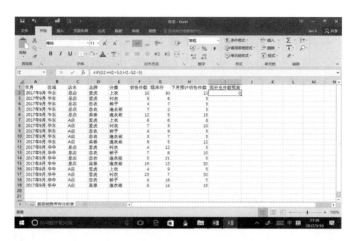

在本例公式中用到的单元格是相对引用，系统在向下复制公式时会自动改变源数据相对于目标单元格的行列位置；如果公式中使用了单元格的绝对引用，则在公式复制时，绝对引用的单元格或单元格区域是不会变化的；如果公式中使用了单元格的混合引用，则在公式复制时，带 "$" 的行列不变，不带 "$" 的行列会自动改变源数据相对于目标单元格的行列位置。

10.1.2 简单汇总

"汇总"与"合计"有什么不同呢？可以把"汇总"理解为"条件求和"或者"分类汇总"，两者又有区别："条件求和"不需要改变数据源，而"分类汇总"需要在汇总前先按照某一分类字段进行排序。

1. 条件求和

"条件求和"在公式中利用函数 COUNTIF()（分类计数）、SUMIF()（分类求和）就可以方便地对数据分门别类地统计了，函数中设置的条件可看作对数据分类的依据。

例如，"业务员订单业绩"表记录了每个业务员签订订单的情况，现在要求对每个业务员的订单数和订单金额进行统计，结果保存在"业务员订单汇总"表中。（素材文件 \ch10\10.1.2.xlsx）

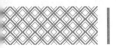
在"业务员订单汇总"表中，订单数是求满足条件"业务员 =**"的订单记录条数，订单金额是求满足条件"业务员 =**"的所有订单金额之和。在公式中要用到对"业务员订单业绩"工作表的引用。在 B2 单元格中输入公式"=COUNTIF(业务员订单业绩 !$C$2:$C$13,A2)"，在 C2 单元格中输入公式"=SUMIF(业务员订单业绩 !$C$2:$C$13,A2, 业务员订单业绩 !$B$2:$B$13)"，完成既定任务。

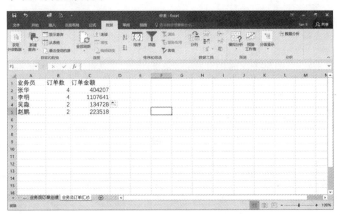

2. 分类汇总

解决上例问题必须要用公式和函数吗？其实有更简单的办法，Excel 2016 在【数据】选项卡中的【分级显示】组里有【分类汇总】功能，通过几步简单的设置便可完成任务。

分类汇总的过程是"先分类，再汇总"。分类就是先对某字段按升序或者降序排列，系统能够根据该字段取值不同，把表中全部数据分为不同的几类数据，然后按类对指定字段计算和、平均值、记录数等。

例如上例，如果要统计出每个业务员的订单数和订单额，显然是要把"业务员订单业绩"表中的记录按"业务员"进行分类，有几个业务员就有几类数据。

首先也是最最关键的一步——对"业务员"字段排序，升降序都没有关系。排序后可以明显观察出来有"4 类"人的记录——李明、吴淼、张华、赵鹏。

然后统计每个业务员的订单数。选择【数据】选项卡中的【分级显示】里的【分类汇总】。

在弹出的【分类汇总】对话框中，【分类字段】选择刚才排序的字段"业务员"，【汇总方式】选择"计数"，【选定汇总项】为"业务员"，如果选中【替换当前分类汇总】复选框，

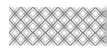

则汇总行显示在每类数据下面，然后单击【确定】按钮。

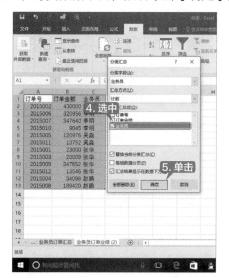

最后统计每个业务员的订单金额之和。仍然选择【数据】选项卡中的【分级显示】里的【分类汇总】。在弹出的【分类汇总】对话框中，【分类字段】选择刚才排序的字段"业务员"，【汇总方式】选择"求和"，【选定汇总项】为"订单金额"，取消选中【替换当前分类汇总】复选框，则保留每人刚才统计出来的"订单数"汇总行，并且把每个人订单金额汇总行显示在每个人的数据下面。

你知道通过"公式和函数"法和选项卡"分类汇总"法统计有什么不同吗？分别应用在什么情况下呢？

用"公式和函数"法虽然有些难度，但是有两个好处，一是不破坏源数据，把新统计数据直接保存在新工作表中，这一点是非常重要的——汇总结果不要与源数据混放在一张表中；二是想统计什么，把公式输入在相应列中可以一次搞定工作！

用选项卡"分类汇总"虽然简单，但是破坏了源数据，不过用些小技巧也可以把汇总行复制出来保存到新工作表中。然后，在【分类汇总】对话框中单击【全部删除】按钮就可以恢复源数据清单了。怎么把汇总行复制出来呢？单击表格左上角行列交叉位置中的汇总级别，如级

别 "2"，按【Ctrl+G】组合键，打开【定位】对话框，单击【定位条件】按钮，在弹出的【定位条件】对话框中选择【可见单元格】单选按钮，按【确定】按钮保存设置。

按【Ctrl+C】组合键复制，在新建工作表中按【Ctrl+V】组合键粘贴。在【分类汇总】对话框中通过单击【全部删除】按钮去掉 "分类汇总"，再手工删去最后两行 "总计"。最后通过前面介绍的方法整理表格结构，得到你想要的数据。

10.1.3 复杂汇总

上面的例子只是按照 "业务员" 一个字段对数据进行了分类统计，如果按照更多字段分类统计用选项卡 "分类汇总" 能轻易实现吗？当然也是可以的，但是其结果仍然破坏了源数据。

1. 分类汇总

例如，对 "服装销售库存分析表"，需要统计出按不同地区、不同门店分类的销售所有品

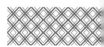

牌服装的件数之和或库存数之和。（素材文件 \ch10\10.1.3.xlsx）

首先对分类字段"区域"和"店名"排序。单击【数据】选项卡中的【排序】按钮，在弹出的【排序】对话框中，设置【主要关键字】为"区域"，单击【次要关键字】为"店名"，然后单击【确定】按钮保存设置。

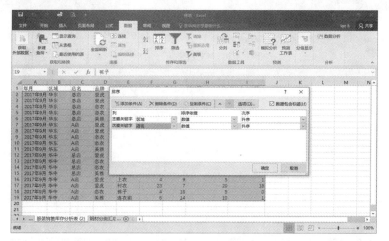

其次分两次通过【数据】选项卡中的【分级显示】里的【分类汇总】功能统计销售件数与库存之和。

第一次，【分类字段】选择主要关键字段"区域"，【汇总方式】选择"求和"，在【选定汇总项】中选中【销售件数】和【库存数】，选中【替换当前分类汇总】，并单击【确定】按钮保存。

第二次，【分类字段】选择次要关键字段"店名"，【汇总方式】选择"求和"，在【选定汇总项】中选中【销售件数】和【库存数】，取消选中【替换当前分类汇总】，并单击【确定】按钮保存。完成任务。

2. 数据透视表

对上例，如果我们需要对更多字段分类汇总，同时又不破坏源数据，有什么好办法吗？Excel 提供了一个无比强大的可以实现分类汇总功能的利器——数据透视表！并且不需要公式函数计算，只要在向导提示下拖曳便可快速生成动态的分类汇总表。

上例中的问题，我们看看用这个利器是如何解决的吧。在【插入】选项卡中的【表格】组中单击【数据透视表】按钮，弹出【创建数据透视表】对话框。设置原数据区域和汇总结果保存位置，一般要把透视表保存在新工作表中，然后单击【确定】按钮进入下一步。

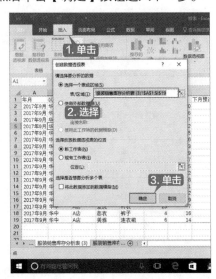

在右边设置区域中，上面的列表里显示出所有字段，下面有"筛选器、列、行、值"4 个框，现在只需要把上面的相关字段拖入到下面的相关框中就完成任务了。看看任务是如何描述的"按……统计……"，把"按"后的字段依次拖入【行】框中，"统计"后的字段依次拖入【值】框中，不费吹灰之力几秒钟内完成所有工作！并且每个动作结束后在表格区域中可以立即看到该步设置的结果！

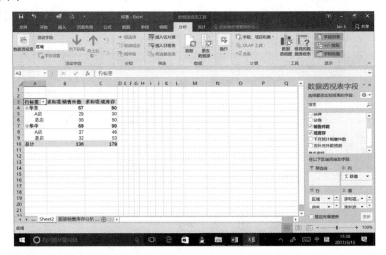

单击表格空白区域时，右边设置区域取消；单击表格透视数据区域时，右边设置区域显示出来。

为什么说透视表是一个动态的汇总表呢？在透视数据区域左上角的"行标签"上有一个下拉按钮，其实它就是一个"筛选器"，可以在筛选器中选择显示或者隐藏的数据项。比如，当在透视表中选中了"区域"数据时，在筛选器中可以显示或者隐藏"华东"区、"华中"区；当在透视表中选中了"店名"数据时，在筛选器中可以显示或者隐藏"A 店""总店"。这样我们就可以任意组合显示出不同区域指定店面的统计数据了，想看什么就能随机地、动态地看到什么。

数据透视是一种可以快速按不同系列对数据进行汇总、浏览、对比的交互式方法，能够通过创建透视表、透视图动态分析数据。数据量越大，透视表和透视图的价值越突出。

使用数据透视表可以深入分析数据，并且可以看到一些出人意料的问题和结果。数据透视表有以下主要功能。

● 可以按分类和子分类对数据进行汇总，汇总方式很多，并且用户可以通过公式自定义如何汇总。

● 展开或折叠要关注结果的数据级别，查看感兴趣区域摘要数据的明细。

● 旋转行、列，查看源数据的不同汇总。

● 随原始数据表的数据更新而更新。

● 可以组合数字项、组合日期或者时间、组合选定项。

● 将透视图转化为静态图表，即通过【插入】→【图表】的方式生成的图表。

● 对有用和关注的数据子集进行筛选、排序、分组和有条件地设置格式。

数据透视图是将数据透视表上的数据图形化，每个透视图均有一个相关联的数据透视表，透视图中的所有元素对应透视表中的各个字段，能更加方便、直观地查看、比较、分析数据的组成和变化趋势。

Excel 有 3 种生成透视图的方法。

● 通过已生成的透视表创建透视图。

● 通过原始工作表数据创建透视图。

● 通过原始工作表数据同时创建透视表和透视图。

如果已经生成了透视表，选中透视表，在【插入】选项卡中直接单击【数据透视图】按钮，弹出【插入图表】对话框，选择一种图表类型即可快速创建一个对应的透视图，然后可以对透视图进行美化。

透视表和透视图建立在新工作表中，不需要时可以删除工作表，也可以单独删除透视图；如果透视表和透视图与原始数据放在了一张工作表中，不需要时也可以选中删除。

透视表和透视图的位置可以通过拖曳进行移动。可以利用标准样式快速美化，也可以对选中对象做任何格式设置。

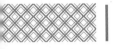

10.2 业务员订单业绩数据透视表设计

对"业务员订单业绩"表用数据透视表快速实现对业务员的订单金额、订单金额占比和订单业绩排名统计。操作步骤如下。（素材文件 \ch10\10.2.xlsx）

第1步 在【插入】选项卡中的【表格】组中单击【数据透视表】按钮，弹出【创建数据透视表】对话框，设置源数据区域和汇总结果保存位置，然后单击【确定】按钮进入下一步。

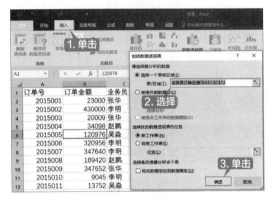

第2步 在右边透视表设置区域，把字段"业务员"拖入【行】框中，把字段"订单金额"拖入【值】框中3次。单击【值】框中第二个"求和项"右边的下拉按钮，选择菜单中最下面的"值字段设置"。

第3步 在弹出的【值字段设置】对话框中，选中【值显示方式】选项卡，设置【值显示方式】，在下拉列表中选择"总计的百分比"，然后单击【确定】按钮保存。

第4步 对【值】框中第三个"求和项"进行"值字段设置"。在弹出的【值字段设置】对话框中，选中【值显示方式】选项卡，设置【值显示方式】，在下拉列表中选择"降序排列"，然后单击【确定】按钮保存。

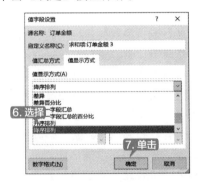

第5步 最后对透视表各字段修改合适的名称，完成既定任务。

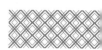

10.3 超市商品销售数据透视表设计

对"超市商品每日销售表"用数据透视表快速实现每天各类商品（即按商品种类统计）销售金额小计和销售排名。操作步骤如下。（素材文件 \ch10\10.3.xlsx）

（1）计算每种商品"销售金额"。在 H2 单元格中输入公式"=F2*G2"，向下复制公式。

（2）在【插入】选项卡中的【表格】组中单击【数据透视表】按钮，弹出【创建数据透视表】对话框，设置源数据区域和汇总结果保存位置，单击【确定】按钮进入下一步。

（3）在右边透视表设置区域，把字段"商品种类"拖入【行】框中，把字段"销售金额"拖入【值】框中两次。

（4）单击【值】框中第二个"求和项"右边的下拉按钮，选择菜单中最下面的"值字段设置"。在弹出的【值字段设置】对话框中，选中【值显示方式】选项卡，设置【值显示方式】，在下拉列表中选择"降序排列"，然后单击【确定】按钮保存。

（5）修改字段名。选中【销售排名】列数据，选择【数据】选项卡中的【降序】排序。

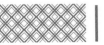

如果还想看"销售金额小计 ≥ 200"的商品种类有哪些，单击标题行"商品名称"右边的下拉按钮，在菜单中选择"值筛选"的"大于或等于"选项，在弹出的【值筛选】对话框中输入"200"，然后单击【确定】按钮保存。

10.4 库存货物透视表 / 图设计

对"库存货物表"用数据透视表和数据透视图快速实现按"货物分类"不同，分别对"货物名称、不同品牌"统计期初库存数量、金额。在该汇总中不需要对比不同分类货物的汇总值，即不对比"家电"和"小家电"两种类别货物的汇总结果。操作步骤如下。（素材文件 \ch10\10.4.xlsx）

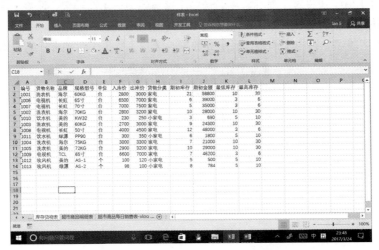

第1步 计算每种货物的"期初金额"。在 J2 单元格中输入公式"=F2*I2"。向下复制公式。选中 A1:L14 区域，在【插入】选项卡的【图表】组中单击【数据透视图】按钮，在弹出的下拉菜单中选择【数据透视图和数据透视表】选项，弹出【创建数据透视表】对话框。

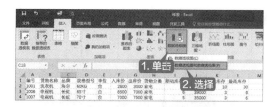

第2步 在对话框中，【表／区域】选择整个 A1:L14 区域，透视表的位置选择"新工作表"，单击【确定】按钮保存，进入下一步设置状态。

第3步 按照工作汇总需求，把字段"货物分类"拖入【筛选器】中，把两个汇总条件字段"货物名称""品牌"依次拖入【轴（类别）】框中，把汇总字段"期初库存""期初金额"依次拖入【值】中，单击工作表空白处，关闭设置框。库存货物的透视表和透视图立刻创建成功。

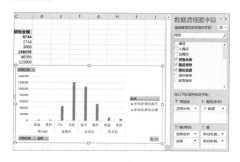

第4步 更新原表中数据后，右击透视表，在弹出的快捷菜单中选择【刷新】，透视表即可更新数据，同时透视图随之更新。选中透视图，在【设计】选项卡中通过【图表样式】快速美化图表。双击两个求和项的标题，在弹出的对话框中可以修改为"期初总库存""期初总金额"。

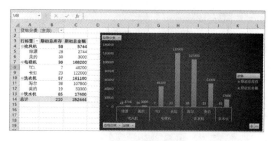

第5步 因为"期初总库存"与"期初总金额"值相差太大，所以透视图中"库存总数量"的柱形根本显示不出来，所以要利用"次 Y 轴"显示"期初总库存"的值。选中"期初总库存"柱形标签，单击鼠标右键，在弹出的快捷菜单中选择【设置数据系列格式】。

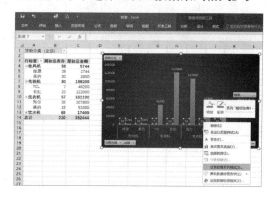

第6步 在设置框中选择【系列绘制在】为"次坐标轴"选项。这时会发现"库存"和"金额"两个柱形重和，解决办法是用不同的图形展示"库存"和"金额"。

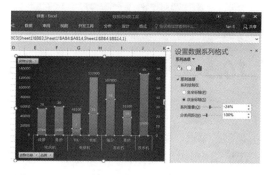

第7步 单击选中"库存"柱形，在【设计】选项卡单击【更改图表类型】按钮，弹出【更改图表类型】对话框，在左侧选择【组合】选项，把"期初总库存"的图表类型改为"带数据标记的折线图"，单击【确定】按钮保存。

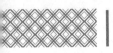
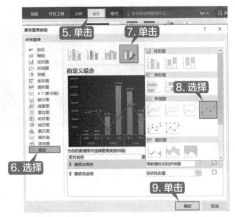

第 8 步 在透视图中可以筛选任意想展示的货物，观察、对比其库存和金额的期初汇总数据。

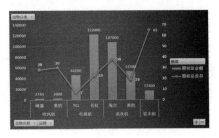

在上面创建图表时，我们不关心"家电"和"小家电"两类货物的对比数据，设置时把字段"货物分类"拖入【筛选器】中。如果我们也想得到这两类货物的对比数据又如何创建透视图表呢？只需要把字段"货物分类"也拖入【轴（类别）】框中就行了，其他操作同上。

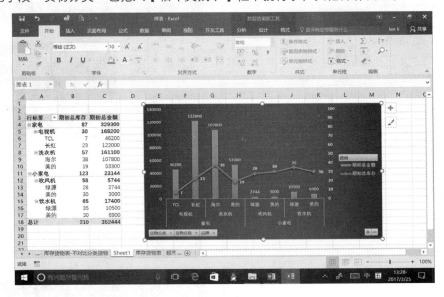

10.5 考勤打卡表透视表设计

对考勤工作中记录每天员工上下班的"打卡表"建立数据透视表，可以快速统计出每周员工迟到、早退次数，观察单位工作纪律维持情况。操作步骤如下。（素材文件 \ch10\10.5.xlsx）

第 1 步 选中表中所有数据，单击【插入】选项卡中的【数据透视表】按钮，弹出【创建数据透视表】对话框。在对话框中，设置【表／区域】选项，透视表的位置选择"新工作表"，然后单击【确定】按钮保存，进入下一步设置状态。需求是"按日期统计出每天迟到早退次数"，所以，把"打卡日期"字段拖入【行】框中；把"迟到／早退"字段拖入【值】框中，并且对其【值字段设置】中的【计算类型】选为"计数"；把"上／下班"字段拖入【列】框中。

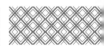

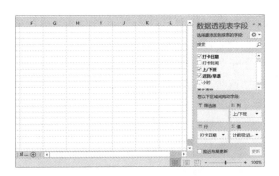

第2步 如果我们只是统计每天迟到早退次数，到此工作就可以结束了。如果我们还想得到每周的统计结果又如何处理呢？可以利用Excel透视表中的组合功能，对日期的统计时段进行设定。单击透视表里【行标签】中的任意一个统计日期，在【分析】选项卡中单击【分组】组中的【组选择】按钮，弹出【组合】对话框。在对话框中设置【起始于】和【终止于】的日期，【步长】选择"日"，【天数】选择"7"，然后单击【确定】按钮保存。

在完成的透视表中可以看到统计日期是按设定以一周为时段进行统计。

10.6 两个关联表的数据透视表设计

在考勤管理工作中，如果月末要"按部门"汇总每个人的迟到早退情况，那如何设计透视表呢？员工姓名、部门等基本信息在"员工基本信息表"中，而迟到早退信息在"打卡表"中，两个表通过"工号"字段是可以建立关联的。操作步骤如下。（素材文件 \ch10\10.6.xlsx）

第1步 首先把两个表生成"表格"。单击"打卡表"任一单元格，单击【插入】选项卡中的【表格】按钮，在弹出的对话框中系统会自动选中当前工作表所有单元格区域，单击【确定】按钮保存，即把"打卡表"生成了"表格"。对另一表也生成"表格"。

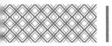
第2步 对两个表建立"关系"。单击"打卡表"任一单元格，在【数据】选项卡中的【数据工具】组中单击【关系】按钮，弹出【管理关系】对话框。

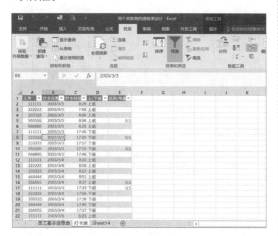

第3步 在对话框中单击【新建】按钮，弹出【创建关系】对话框。选择两个表按照工号字段建立关系，单击【确定】按钮保存并返回【管理关系】对话框，单击【关闭】按钮保存关系。

第4步 建立透视表。在"打卡表"中，单击【插入】选项卡中的【数据透视表】按钮，弹出【创建数据透视表】对话框。在对话框中，选中【使用外部数据源】单选按钮，单击【选择连接……】按钮，弹出【现有连接】对话框。

第5步 在【现有连接】对话框的【表格】选项卡中，选择"表3"，单击【打开】按钮保存并返回上级【创建数据透视表】对话框中，选择透视表的位置为"新工作表"，然后单击【确定】按钮保存。

第6步 在右侧设置区域单击【全部】按钮可以看到所有可以引用的表格，现在就有"员工表"和"打卡表"两个表格。单击表格前的小三角可以展开看到每个表格的所有字段，下面通过拖曳就可以完成透视表的创建了。

第7步 我们的需求是"按部门显示所有员工（姓名）的迟到早退情况"。所以，把"表3"的"列3、列2"两个字段拖入【行】框中；把"迟到／早退"字段拖入【值】框中，并且对其【值字段设置】中的【计算类型】选为"计数"；把"上／下班"字段拖入【列】框中；把"打卡日期"拖入【筛选器】中。透视表创建完毕，下面对透视表进行美化。

表中选择【以大纲形式显示】选项。

第8步 单击透视表，单击【设计】选项卡中【布局】组中的【报表布局】按钮，在弹出的列

第9步 修改标题行，应用一种样式。一个动态的、漂亮的、符合要求的透视表创建好了。

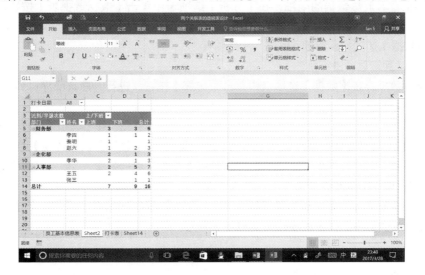

10.7 数据透视表高级技巧

要真正用好透视表还需要学习一些常用的技巧和长期的积累与总结。

（1）更改数据源。

创建透视表后，如需更改引用的源数据区域，不需要重新建立透视表，直接更改原有透视表的数据源即可。单击透视表任意区域，使用【分析】选项卡中的【更改数据源】按钮，重新选择数据区域即可。

（2）更改"值"的汇总方式。

例如，对超市按商品种类进行销售金额汇总后，现在想查看每类商品单笔最高的销售金额情况。单击【值】中第一个求和项（销售金额），进行【值字段设置】，在【值汇总方式】选项卡中【计算类型】改为"最大值"即可。

（3）数据刷新。

如果更改了原数据表中的数据值，可以设置透视表汇总结果自动进行更新。单击透视表任

意区域，使用【分析】选项卡中的【刷新】功能即可。

还可以设置在打开透视表时自动更新汇总数据。单击透视表任意区域，在【分析】选项卡中单击【数据透视表】按钮，在弹出的列表中选中【选项】进行设置，在【数据透视表选项】对话框中的【数据】选项卡里选中【打开文件时刷新数据】选项，保存退出即可。

为了防止在刷新数据时调整透视表的列宽和单元格式，在【分析】选项卡中单击【数据透视表】按钮，在弹出的列表中选中【选项】进行设置，在【数据透视表选项】对话框中的【布局和格式】选项卡下，取消选中【更新时自动调整列宽】选项，保存即可。

（4）显示数据明细。

对透视表中任意一项数据，双击鼠标左键，会生成一张新的工作表，列出该类数据的明细条目。这种分析方法就是"下钻"，即"年－月－日"从上向下观察原始数据；通过基础数据建立透视表形成汇总表是"上钻"，即"日－月－年"从下向上观察汇总数据。

（5）禁止查看数据明细。

如果禁止查看汇总数据的明细，在【分析】选项卡中单击【数据透视表】按钮，在弹出的列表中选中【选项】进行设置，在【数据透视表选项】对话框中的【数据】选项卡下，取消选中【启用显示明细数据】选项，保存即可。

（6）对某列汇总项进行排序。

选中该列数据，在【数据】选项卡中单击【排序】按钮，进行升序或降序排列即可。

（7）空白单元格显示为0。

当透视表中对应的单元格没有数据，该单元格会显示为空白。在【分析】选项卡中单击【数据透视表】按钮，在弹出的列表中选中【选项】进行设置，在【数据透视表选项】对话框中的【布局和格式】选项卡下，选中【对于空单元格，显示】并在文本框中输入"0"，保存即可。

（8）样式改变为表格形式。

如果要把透视表显示为一般的表格样式，在【设计】选项卡的【布局】组中单击【报表布局】按钮，在弹出的列表中选择【以表格格式显示】即可。

第11章
3个函数走天下与懒人神器 VBA

本章导读

1. 掌握 3 个函数就能走天下，可能吗？
2. VBA 是懒人神器，夸张了吧?

思维导图

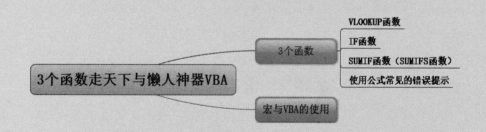

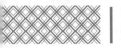

11.1 3 个函数

函数太多学不会？那就先学 3 个函数吧，这些函数堪称解决工作中常见问题的神器。

11.1.1 VLOOKUP 函数

如果需要在表格或区域中按行查找内容，可使用 VLOOKUP，它是一个查找和引用函数。例如，按商品代码查找商品名称、规格、种类、单价。

VLOOKUP 函数表示形式：

=VLOOKUP（要查找的值、要在其中查找值的源数据区域、源数据区域中包含返回值的列号、精确匹配或近似匹配 – 指定为 0/FALSE or 1/TRUE）。

例如，某超市建立了表 1 "超市商品明细表"，表 2 "超市商品每日销售表"，表 2 中只需要输入商品代码，其他信息如商品名称、规格、种类、单价可以自动从表 1 中继承过来，不用再手工录入了。如何实现这个功能呢？其实就是在表 2 中输入商品代码后，让系统自动到表 1 中逐行查找相匹配的商品代码，找到后，把该行商品的其他信息自动填充到表 2 相关单元格中。这里利用 VLOOKUP 函数再适合不过了。（素材文件 \ch11\11.1.1.xlsx）

在表 2 的 C3 单元格中输入公式 "=VLOOKUP($B2, 超市商品明细表 !$A:$E,COLUMN() –1,0)"，只要向右复制公式到 "单价" 列，向下任意复制公式，我们想要的自动填充效果均能实现。

公式中第一个参数 "$B2"，因为向右复制时，行本身就不会发生变化，只要保证永远是 B 列就行，所以列名要用绝对引用，加 "$"；向下复制时，因为行要变为当前行，列仍然是 B 列，所以也只对列名采用绝对引用，行名采用相对引用。

公式中第二个参数 "超市商品明细表 !$A:$E"，表示要在表 1 中的 A~E 列，向下不限行数的范围内查找商品名称并会引用其他列数据的值，在此省略了行数，商品明细信息就可以无限向下保存新记录了。列名采用绝对引用可以保证不管表 2 中公式复制到哪一列，表 1 中的查找区域和引用区域永远不变。

公式中第三个参数"COLUMN()–1"，COLUMN() 函数是取表 2 中当前单元格的列号，因为它要引用的值正好是表 1 中的前一列数据的值，所以为"列号 –1"。

公式中第四个参数"0"，表示是近似匹配，其实设为 1 在此例中也没有问题。

11.1.2 IF 函数

IF 函数是 Excel 中最常用的函数之一，它可以对值和预期值进行逻辑比较。IF 函数表示形式：

= IF（条件为 True，则执行某些操作，否则就执行其他操作）。

因此，IF 语句可能有两个结果。如果满足某个条件，就返回一个值；如果不满足，就返回另一个值。

例如，某书店建立了表 1"图书库存上下限表"，表 2"图书表"，表 2 中某书库存一旦小于表 1 中该书所属大类的下限，就要在"购买提示"列自动显示"购书"字样，并且在"建议购买数量"列自动根据表 1 中该书所属大类的上限，计算出建议购买的本数并自动填充。如何实现这个功能呢？显然这两项功能的实现都需要用现在的库存状态与该类图书的上下限做比较，然后判断是显示购书提示还是不显示，同时还要显示建议购买多少本图书。（素材文件 \ ch11\11.1.2.xlsx）

在表 2 中的 F2 单元格中输入公式"=IF(E2<VLOOKUP(C2, 图书库存上下限表 !A:C,3,0),"购书","")"，在 G2 单元格中输入公式"

=IF(F2=" 购书 ",VLOOKUP(C2, 图书库存上下限表 !A:C,2,0)–E2,"") "，即可实现既定任务。

这两个公式中又用到了 VLOOKUP() 函数。

11.1.3 SUMIF 函数（SUMIFS 函数）

SUM 的意思是求和，再加上 IF，意思就是对范围中符合指定条件的数值求和。这是一个满足单条件的求和函数，SUMIF 函数表示形式：

=SUMIF(指定判断是否满足条件的数据，条件，求和的数据区域)。

例如，要对表 2 计算出每大类图书一共有多少库存书籍，并且自动填充在表 1 的"库存数"

列中。如何实现这个功能呢？用 SUMIF() 条件求和函数就可以办妥。（素材文件 \ch11\11.1.3 图书库存 .xlsx）

在表 1 的 D2 单元格中输入公式"=SUMIF(图书表 !C:C,A2, 图书表 !E:E)"完成任务，其他单元格向下复制 D2 公式即可。

公式中第一个参数和第三个参数中都只出现了列名，没有行号，意思就是可以对该列全部数据访问，不限定多少行。

SUMIF 函数有一个兄弟——SUMIFS 函数，只比它多一个"S"，用英语课上学到的知识理解是复数的意思，其实 SUMIFS 正是多条件求和函数，用于对某一区域内满足多重条件的单元格求和。SUMIFS 函数表示形式：

=SUMIFS（实际求和区域，第一个条件区域，第一个对应的求和条件，第二个条件区域，第二个对应的求和条件……第 N 个条件区域，第 N 个对应的求和条件）。

例如，有"打卡表"自动记录每天员工上下班刷卡的时间信息，如果有迟到或者早退现象，则在"迟到 / 早退"字段记录"0.5"天，另有"考勤统计表"自动汇总每月员工实际出勤天数，并在当月相应"日"列显示当天出勤状况。（素材文件 \ch11\11.1.3 考勤统计 .xlsx）

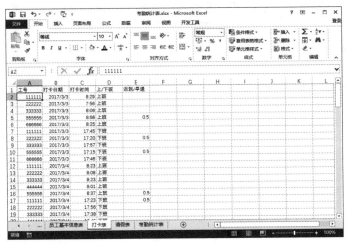

在统计时，系统会根据"考勤统计表"的"工号"和"统计日期"两个条件到"打卡表"中判断是否有符合条件的员工该天有迟到 / 早退现象，如果有则汇总其"迟到 / 早退"字段的值，并显示在"考勤统计表"表相应单元格中。

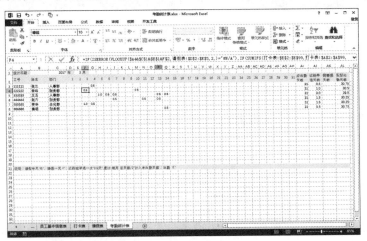

在"考勤统计表"的 E3 单元格中输入公式"=SUMIFS(打卡表 !$E$2:$E$21, 打卡表 !$A$2:$A$21,' 考勤统计表 (2)'!$A3, 打卡表 !$B$2:$B$21,' 考勤统计表 (2)'!$C$1&"/"&' 考勤统计表 (2)'!$E$1&"/"&' 考勤统计表 (2)'!E$2)",则可轻松解决问题。

11.1.4 使用公式常见的错误提示

在公式使用过程中经常因为各种原因不能返回正确数据,系统会自动显示一个错误提示信息,下面简单介绍几个常见错误提示。

（1）#####!。

如果单元格所含的数字、日期或时间比单元格宽,就会产生 #####!。

解决方法：通过拖动列表头修改列宽。

（2）#VALUE!。

当使用错误的参数或运算对象类型时,或者当公式自动更正功能不能更正公式时,将产生错误值 #VALUE!。这其中主要包括 3 种情况。

● 在需要数字或逻辑值时输入了文本,Excel 不能将文本转换为正确的数据类型。

解决方法：确认公式或函数所需的运算符或参数正确,并且公式引用的单元格中包含有效的数值。例如：如果单元格 A1 包含一个数字,单元格 A2 包含文本,则公式 ="A1+A2" 将返回错误值 #VALUE!。而 SUM 函数将这两个值相加时忽略文本。

● 将单元格引用、公式或函数作为数组常量输入。

解决方法：确认数组常量不是单元格引用、公式或函数。

● 赋予需要单一数值的运算符或函数一个数值区域。

解决方法：将数值区域改为单一数值。修改数值区域使其包含公式所在的数据行或列。

（3）#DIV/O!。

当公式被零除时会产生错误值 #DIV/O!。

（4）#N/A 。

当在函数或公式中没有可用数值时,将产生错误值 #N/A。

解决方法：如果工作表中某些单元格暂时没有数值,请在这些单元格中输入 "#N/A",公式在引用这些单元格时,将不进行数值计算,而是返回 #N/A。

（5）#REF! 。

删除了由其他公式引用的单元格,或将移动单元格粘贴到由其他公式引用的单元格中。当单元格引用无效时将产生错误值 #REF!。

解决方法：更改公式或者在删除或粘贴单元格之后,立即单击【撤销】按钮,以恢复工作表中的单元格。

（6）#NUM! 。

当公式或函数中某个数字有问题时,将产生错误值 #NUM!。

（7）#NULL! 。

使用了不正确的区域运算符或不正确的单元格引用,当试图为两个并不相交的区域指定交叉点时,将产生错误值 #NULL!。

解决方法：如果要引用两个不相交的区域,请使用联合运算符逗号（,）。公式要对两个区域求和,请确认在引用这两个区域时,使用逗号。

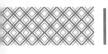

11.2 宏与 VBA 的使用

工作中我们经常需要手工完成一些有规律、重复性的任务，或者经常处理一系列的固定工作流程，利用懒人神器 VBA 就可以对数据进行更高级的处理，实现数据处理的自动化，把我们从简单重复的工作中解放出来。对于不会计算机编程或者从未使用过 VBA 的人来说，知道了VBA(Visual Basic for Applications) 缩写所表示的意思就会不由得怀疑自己——能学会吗？其实VBA 不难，关键是它很实用，变化多端，一朝学会，受益无穷。

说到 VBA，不得不说另一个与它有密切关系的工具——宏。Office 中的办公组件都支持VBA 和宏，VBA 是一种内置在 Excel 中的编程语言，可以用来编写程序代码，是二次开发系统本身所不具备的功能；宏是一种用 VBA 语言编写的运算过程，是录制出来的程序。

我们可能每天要打印上千张发票、统计销售业绩等，要完成同样的工作，既可以用 VBA 编写代码实现，又可以通过录制宏来实现。录制出来的宏其实就是一堆 VBA 指令，并且可以通过VBA 来修改，但是有些操作是不能通过录制宏来实现的。录制的宏可能很长、效率很低，而经过优化的 VBA 代码简洁、效率更高，VBA 能够实现宏所能实现的全部功能，所以如果学会了VBA，就可以把宏扔一边了。

在使用宏和 VBA 功能时，需要在【开发工具】选项卡中选择按钮完成工作，如果在主选项卡区域没有【开发工具】按钮怎么办呢？可以通过主界面【文件】选项卡中的【选项】进行设置。在【Excel 选项】对话框中设置【自定义功能区】，选中【主选项卡】下的【开发工具】复选框，并单击【确定】按钮保存设置，即可在主界面上显示【开发工具】选项卡了。

我们以任务趋动的方式学习如何用宏和 VBA 解决实际问题。

例如，对"超市商品每日销售表"，已知单价和销售数量，计算每件商品的销售金额。

1. 宏

用宏工作，两步可以搞定：录制宏和运行宏。

录制宏就是把完成任务的过程操作一遍并录制下来。（素材文件 \ch11\11.2.xlsx）

单击 H2 单元格,首先要选择执行一下【开发工具】选项卡中【代码】组中的【使用相对引用】功能,以后在当前录制过程中未处理过的单元格区域也能按照目标单元格与数据源单元格的相对位置计算销售金额了。

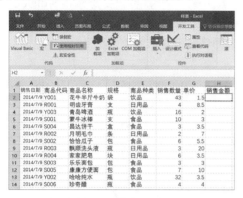

然后单击【开发工具】选项卡中【控件】组中的【插入】按钮,并在【表单控件】中选中第一个"按钮"控件。

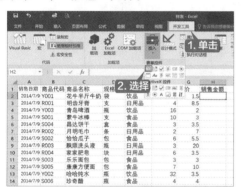

在 H 列右边空白区域拖动光标画出一个"按钮",当释放鼠标后弹出【指定宏】对话框,修改【宏名】为"计算销售金额",单击【录制】按钮,然后再单击【确定】按钮开始录制操作过程。

操作过程结束后,单击【开发工具】选项卡中【代码】组中的【停止录制】按钮,录制结束。

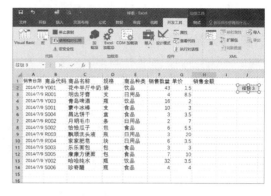

如果想查看录制过程中自动生成的代码,单击鼠标右键选中"按钮3",单击【开发工具】选项卡中【控件】组中的【查看代码】按钮,系统即打开 VBA 代码窗口。

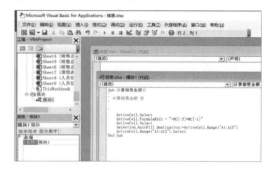

宏录制后就可以执行宏了,回到工作表中,我们把 H2:H14 单元格区域的值删除掉,然后再重新选中"H2:H14"区域,单击"按钮3",系统自动计算并填充销售金额的值。

如果明天我们从第 15 行开始记录当天的商品销售情况,系统还能不能自动计算并填充销售金额的值呢?通过试验发现当选中 H15 单元格时,按了"按钮3"后,能自动处理,但是它填充了我们录制宏时处理区域"H2:H14"的销售金额。但这不是我们想要的结果,不要忘了,宏代码是可以在代码窗口中修改的。如果我们只想把有商品销售记录的那行销售金额求出值并填充上去,没有销售记录的空行不要显示出"0",怎么办呢?我们进入下面 VBA 部分看看如何修改代码以达到预期效果。

2. VBA

VBA 的初学者往往是从录制宏后查看代码、一点点修改代码开始学习的。

为了实现上述功能，我们可以利用掌握的函数知识修改宏录制时自动生成的代码，从而快速达到目的。例如，把原来的 Range（"A1:A13"）改为 Range（"A1:A100"），这样计算区域可以扩大到 1~100 行；不想显示空行的销售金额"0"，可以把原来的 ActiveCell.FormulaR1C1 = "=RC[−2]*RC[−1]"改为 ActiveCell.FormulaR1C1 = "=if(RC[−2]*RC[−1]=0, clean(RC[−1]),RC[−2]*RC[−1])"。修改后保存，并关闭代码窗口。

如果不从录制宏开始，怎么直接写 VBA 代码、查看代码、运行代码呢？

首先，我们要放一个或若干个触发 VBA 代码的控件在工作表中。单击【开发工具】选项卡中【控件】组中的【插入】按钮，在【表单控件】中选择，然后拖动光标在工作表中规划好的位置上画出该控件。

其次，给控件添加代码。用鼠标右键选中该控件，单击【开发工具】选项卡中【代码】组中的【Visual Basic】按钮，系统打开代码窗口。在"sub 控件名 …… end sub"结构中录入符合 VBA 语法规则的指令代码，并保存代码，然后关闭代码窗口回到工作表中。

最后，执行 VBA 代码。只要单击相应控件就能自动完成事先设计好的功能。

如果要修改和查看代码，利用【开发工具】选项卡中的【查看代码】和【Visual Basic】按钮都可以重新打开代码窗口。

学习 VBA 有好长的路要走，要学习 VBA 编辑器、语法规则、数据类型、程序结构的控制、过程和函数、常见对象等。熟练掌握 VBA 后，小到能处理用一般函数等现有工具无法解决的问题，大到设计一个管理系统。

第**3**篇

PPT 篇

　　本篇主要介绍 PPT 设计；通过本篇的学习，读者可以了解如何制作好的 PPT，学习谋篇布局、视觉设计、演讲管理等操作。

第 12 章

谋篇布局之道

本章导读

1. 如何构思制作 PPT 的逻辑主线？

2. 哪里能找到有用的素材文件？

3. 怎样将你的逻辑呈现出来？

思维导图

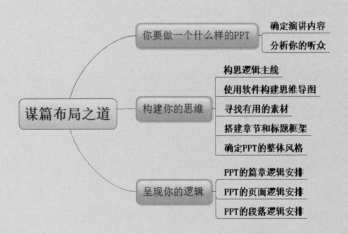

12.1 你要做一个什么样的 PPT

要做一个好的 PPT，首先需要了解 PPT 制作的目的和用途，不同的目的需要的是不一样的制作方法。一方面要体现设计者的逻辑思维，另一方面也要体现设计者的美感。

12.1.1 确定演讲内容

确定演讲的内容，是演讲者给全篇演讲树起一面旗帜，它不仅与演讲的形式有关，更重要的是与演讲的风格、情调有直接关系。主要有以下几点。

（1）选择有吸引力的题目。

（2）不要脱离演讲的主题。

（3）演讲的内容要围绕题目，掌握在可控范围内，并且能引起观众的共鸣。

12.1.2 分析你的听众

掌握好的演讲技巧，必须把握听众不同的心理。就比如说，当我们听演讲的时候自己会做些什么呢？有时认真听，有时会开小差。或许，我们会被迫去参加演讲会，但没有人能够迫使一个人听演讲，除非听演讲的人自己愿意听。所以说在做一个演讲时，能够正确分析你的听众会使演讲更加精彩。

首先，了解你的听众。有多少人出席演讲，这些听众的姓名、头衔、身份等信息都是演讲者需要了解的。

其次，也是最重要的一步，就是以怎样的方式演讲能够让你的听众理解并赞同你的演讲主题。

这一步直接关系到你的演示目标能否实现。我们把第二步分解为如下几个问题。

（1）谁是决策人？

在演讲之前，首先要搞清楚对于你所演讲的主题，谁是能够拍板说"同意"或者"不同意"的决策人？这样，你才能达成你的目标。

（2）听众对于你的演讲主题具有什么样的理解程度和认知水平？

我们知道自己要演讲的内容并不是每个听众都熟悉。所以可以在演讲之前向听众展示一些背景辅助材料信息让他们对你的演讲有所了解。

（3）听众会对你的演讲话题感兴趣吗？

听众对你的演讲是否感兴趣是至关重要的。所以你必须想办法激发听众的兴趣，紧紧抓住他们的注意力。

（4）演讲主题对听众有什么利害关系？

首先你必须为听众考虑，如果他们同意你的观点，他们加以付诸实施之后会带来哪些影响；如果他们不同意你的观点，他们又会失去什么。这是也是听众最关心的问题。

（5）听众如何理解你的演示材料？

在演示前，你如果能在听众中选几个人提前沟通一下，了解听众是喜欢数字还是图表？了解他们对你演讲内容的态度，这样的话在做演讲时会有很大的帮助。

正所谓"知己知彼，百战不殆"，分析你的听众，是你实现演示目标的不二法门。

12.2 构建你的思维

PPT 正成为人们工作生活的重要组成部分，在工作汇报、企业宣传、产品推介、婚礼庆典、项目竞标、管理咨询、教育培训等领域占着举足轻重的地位，那么如何做好 PPT 便是一件值得深究的事情。

12.2.1 构思逻辑主线

好的 PPT 可以形象地体现演讲者的想法和构思，可以更加简单并条例化地展示演讲内容。那么什么是好的 PPT 呢？我们的 PPT 最大的问题不是在于美感、动画，而是在于逻辑。构思逻辑主线，有了好的逻辑思维，能够更高效率地完成想要的 PPT。

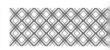

首先，提炼观点。怎么样的观点才算是提炼呢？找到事情的要点，主动出击，观点突出，一看就知道想突出什么。

其次，构建逻辑思维。PPT 演示过程就像数学做证明题，先摆论据，再结论。我们第一步提炼了观点，怎样构建一个逻辑框架来证明我们的结论呢？

我们先来看下，目前工作中很多人依然用下面这种演示逻辑来表达观点。

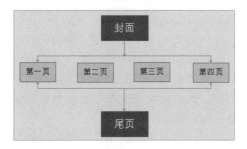

这样的演讲给人的第一感觉就像学高数，不知道讲的核心观点是什么。

怎么样的逻辑能让人听明白、看明白？小学我们开始学习怎么写文章和分析文章的时候，老师总会让我们分析文章结构：总分总。我们可以把 PPT 制作当成写文章，不过 PPT 是通过表达和一些可视化的图配合来达到写文章的目的。下面一张图给你道明文章的逻辑秘密：总分总。

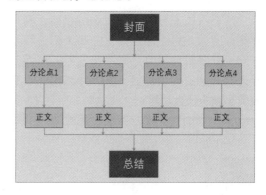

对应的 PPT 内容逻辑妙招：封面→目录→过渡页→内页→尾页。

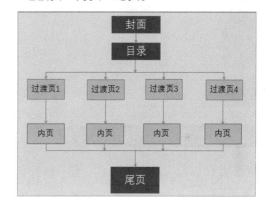

12.2.2 使用软件构建思维导图

思维导图又叫心智图，是表达发射性思维有效的图形思维工具，它简单却又极其有效，是一种革命性的思维工具。思维导图运用图文并重的技巧，把各级主题的关系用相互隶属与相关的层级图表现出来，把主题关键词与图像、颜色等建立记忆链接。

思维导图充分运用左右脑的机能，利用记忆、阅读、思维的规律，协助人们在科学与艺术、逻辑与想象之间平衡发展，从而开启人类大脑的无限潜能。思维导图因此具有人类思维的强大功能。

下面我们来介绍一款制作思维导图的软件：Mindjet。

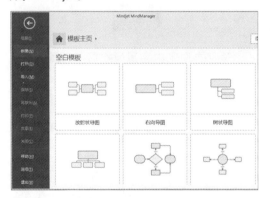

从图片中我们看出，整个界面和 Word 很相似，这是最新版的 Mindjet 界面。

下面我们就以投资融资项目来实现其结构导图。

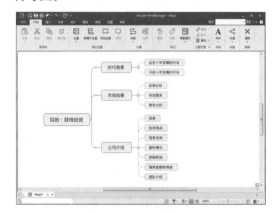

这样我们能一目了然地明白获得投资的各项指标。有钱赚、有利可图，投资方才有兴趣投，列举出关于这个项目为什么有钱赚的点子就可以了。

12.2.3 寻找有用的素材

好的 PPT 既能够体现出设计者的逻辑思维，又能够体现出设计者的美感。好的 PPT 需要大量的好的素材才能够得到美化。那么，如何找到好看又免费的 PPT 模板？如何找到漂亮的图片素材？如何找到酷炫的图标？如何找到 PPT 图表素材？

平时做幻灯片，在网上可以看到很多类似的设计，有的人管它叫模板，有的叫背景，有的叫主题。它应该包括版式、配色、字体、背景、内容。而其中版式包括封面、目录、正文页的内容排版设计。

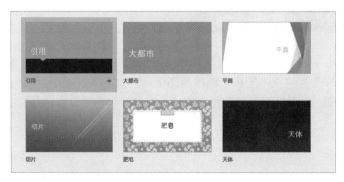

①模板从哪里找？这里给大家介绍的网站就是微软的官方模板网站——OfficePLUS，这个网站上面所有的模板，都是免费的！

网址：www.OfficePLUS.cn。

它所有的模板都是现在非常流行的风格，比如说扁平化、全图型。而且关键是，全是免费的！上一张截图，让我们感受一下模板的质量！

②漂亮的图片素材从哪找？一想到找图片，第一个想起的方法就是百度图片搜索，但问题是很多人不知道如何搜图。如当我们要表达"时间"关键词时，会搜索什么关键词呢？"钟表"？如果都是钟表，那怎么会有创意呢？不妨我们来搜索一下"沙漏"，这样会不会更有创意呢？

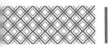
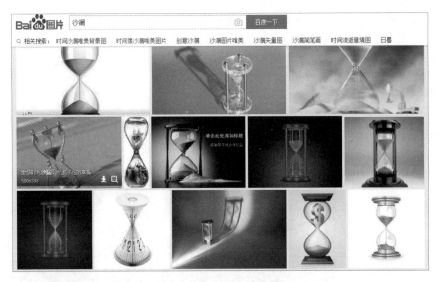

不过，要找到好的图片，就得收藏一些好图的网站。但是好图片往往都有版权，即使有的图片是从网络上免费下载的，但如果用于商业场合，也会涉及版权问题。所以我们在使用一些图片时一定要注意这个问题。下面是我们推荐的一些常用的搜图网站。

名称	网址	说明
全景网	http://www.quanjing.com/	图片可以直接复制，分辨率较低，能够满足 PPT 投影要求。
素材天下	http://www.sucaitianxia.com/	图片丰富，分辨率高。
景象图片	http://www.viewstock.com/	图片多，质量参差不齐，可直接复制无水印的图片。
花瓣	http://www.huaban.com/	图片合集，由网友整合分享。

③如何找到酷炫的图标？第一个找图标的网站是：www.easyicon.net。非常好用，最好的一点是当我们输入中文时，它会自动翻译成英文帮我们搜索。

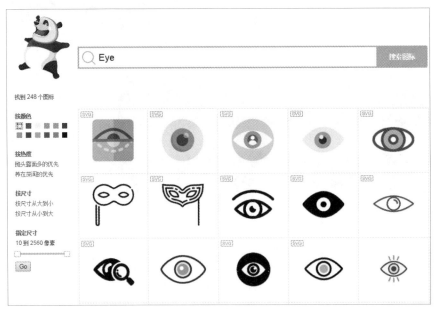

第二个找图标的网站是阿里巴巴做的，也非常好用：www.iconfont.cn。

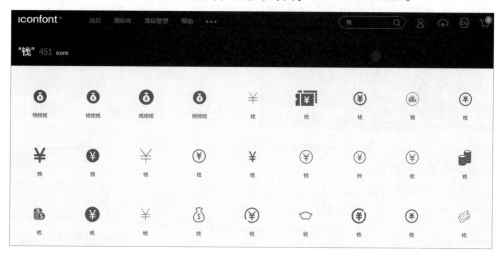

这些网站中的图标非常全面。当然，我们在搜索图标之前也要先定位好要搜索图标的关键词，这样才能搜索到更合适的图标。

④如何找到 PPT 图表素材？

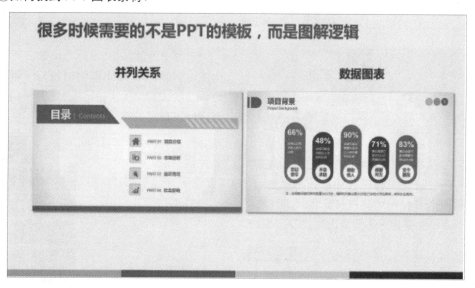

这些逻辑图标和数据体表其实都是免费的。安装 PPT 美化大师插件，在美化大师里面点击幻灯片，就能够找到各种各样的免费图标和逻辑关系图了。

12.2.4 搭建章节和标题框架

当我们收集好做 PPT 所需要的素材后，接下来就是要确定 PPT 所需的章节和标题，对自己的主体下的研究思考内容进行进一步的结构化整理，做好大框架、小框架。

首先，在制作 PPT 之前，我们会对内容进行梳理，并在心里或者纸上绘出 PPT 的草图。

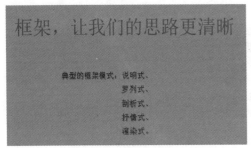

然后，建立一个 PPT 模板，根据自己的需求搭建一个模板的框架，即设计封面、目录页、过渡页、内容页底板、结束页。

说明式结构：多用于方案说明、课题研究、产品介绍、情况发布等。主要是针对一个物品、现象、原理等逐步分析，从不同的角度进行解释。

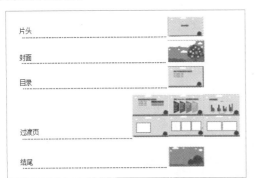

罗列式结构：主要用于工作汇报、成果展示等，一般来说内容比较简单，不需要目录，在封面后直接把内容按一定的顺序（如时间、地点、重要性等）罗列出来。

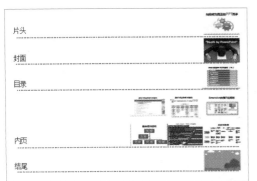

剖析式结构：指针对待定问题层层剖析、层层递进，以展开整个 PPT 的一种结构模式，主要用于咨询报告、项目建议书等。

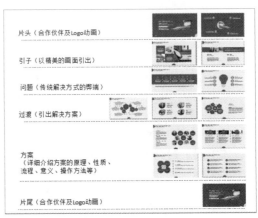

抒情式结构：比较随心所欲，可以有感而发。针对一件具体事例进行，一般先描述事件，再发表自己的看法；或者开门见山，直接抒发自己的感情。

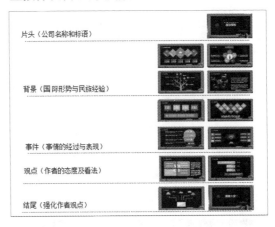

渲染式结构：是内容不断重复、不断变化，甚至采用夸张的手段展示给观众的一种表达结构。其关键在于找准你需要渲染的核心内容，也就是你的宣传点，明确其独特且最能调动观众兴趣的地方，围绕这个点组织整个结构。

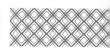

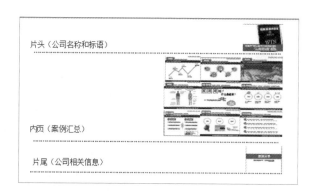

12.2.5 确定 PPT 的整体风格

所谓风格，就是给受众者的印象或者综合感觉；风格包括特色、气质以及性格等。如果 PPT 中没有自己的风格，就像没有灵魂的人，难以让人关注，所以好的 PPT 离不开好的风格！

那么怎么确定 PPT 整体风格？

首先确定关键词！在做 PPT 之前，确定主题，想好合适的关键词，关键词需要包含色彩、质感、版式、动画、图片等方面，所有的内页和元素都要遵循这些关键词来设计。

商务风：商务、国际化。　　　　　　　科技风：科技、大气、先进。

中国风：温文尔雅。　　　　　　　简约线条风格：简约、大方。

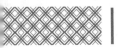
手绘风格：舒适、自然。

其次要注意风格的细节。

- 注意选择合适的字体，注意区分标题和正文的字体大小，注意斜体和粗体的使用，标题统一用一种字体，正文页统一用一种字体。
- 注意四周的留白是否一致，文字或图片离边距是否一致。
- 图片处理时注意阴影方向是否一致，边框处理是否一致协调，图片类型是否一致。

添加图片阴影：选中需要添加阴影的图片，在【绘图工具】的【格式】选项卡的【形状样式】组中单击【形状效果】按钮，在弹出的列表中选择【阴影】可以为图片添加不同的阴影。

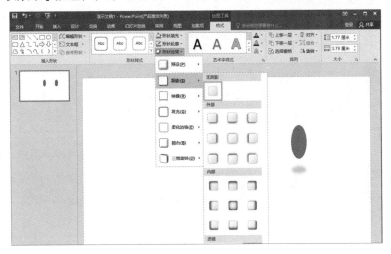

12.3 呈现你的逻辑

了解 PPT 制作的目的。不同场合的 PPT 应该按照不同的风格制作。例如，一个活动的总结风格总体可以设计为煽情，一个产品介绍的风格设计为幽默。这对后期的母版和文字、图表的

选择都有很大的影响。

12.3.1 PPT 的篇章逻辑安排

通常即使我们拥有良好的素材，例如美丽的图片，丰富的模板，多样的音律和动画，结果我们还是不能制作一个完美的 PPT，问题出在哪里呢？逻辑！好的 PPT 需要好的逻辑！

①不要急着写每页的内容，先把目录写好，一级二级都写好。

②把每页的观点写在标题栏里。

③用缩略图形式看看整体的内容框架。

良好的**篇章逻辑**是成功的第一步。篇章逻辑是 PPT 的主线，我们需要提炼中心思想，手绘提纲（先写好 PPT 各级目录），选择模板，放映查错。

各级目录完成之后，模板的选择也非常重要。对于 2016 版本的 PPT 更是加载了很多设计模板，从而方便使用者快速而高效地制作 PPT，极大地提高了效率，节省了时间。当然，还有许多途径可以获得 PPT 模板，如网站下载、博客下载等。

（1）PowerPoint 自带模板。

（2）网络下载模板。

12.3.2 PPT 的页面逻辑安排

　　页面逻辑就是我们所制作的 PPT 的每一页的整体逻辑，常见的有并列逻辑、因果逻辑、总分逻辑、转折逻辑、递进逻辑、循环逻辑等。

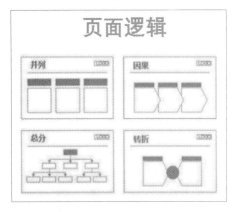

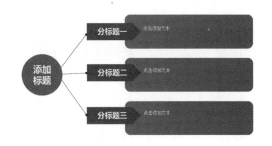

　　并列逻辑是最常见的形式之一，如"方案一""方案二""方案三"等。

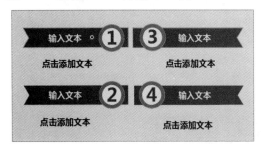

　　总分逻辑从多个方面强调主题，主要应用于 KPI 指标和组织架构中。

　　递进逻辑着重强调几个不同的发展阶段或者发展脉络；递进逻辑使内容更紧凑，有条理。

　　循环逻辑则强调几个对象的循环变化，没有前几种常见，但是在特定场合也会用到，所以我们也需要有一定了解。

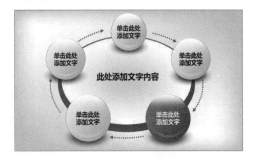

12.3.3 PPT 的段落逻辑安排

　　页面逻辑安排好后，接下来就是段落逻辑安排。好好理解文章的上下文，以及文章中的这句话希望表达什么意思，尽量不要犯逻辑错误，最起码不要犯明显的逻辑错误。在写 PPT 时，尽量别写一些"模棱两可"的话。

　　段落逻辑包括页面内容中的文字的逻辑，文字表现形式的逻辑，正如能用图不用表，能用表不用文字等。好的文字逻辑有一些通用的技巧，如下所示。

　　①每张幻灯片所传达的概念为 5 个最好。

　　②汉语字体黑体为好，英文字体 Arial、Tahoma 为好。

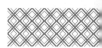

③文字变大，粗体，下画线，添加色彩，利用文字的缩写都可以起到突出重点的作用。

④深入浅出的文字，有说服力的标题可增加可读性。

⑤尽可能用图片、符号以及表格来表现主题。

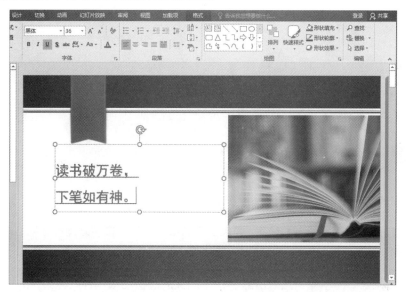

如图中利用图片（书）来增强主题，文字添加下画线，能够重点突出文字的作用及表达的含义。

图表中的技巧如下。

①无色边框，深浅等色彩搭配可增加美观。

②善于利用蜂窝图使幻灯片更精致。

③注意对比，对齐，留白，降噪的使用等。

常用到的图表有以下几种。

（1）树状图。

树形图一般用于拓展分析。寻找到客户或供应商在未来可以提供方方面面的帮助、利益所在。

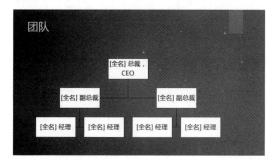

（2）列表图。

列表图能够直接反映事情的对应情况，比较直观、简洁。

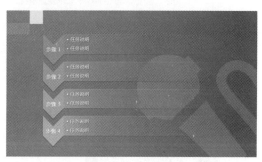

（3）环状图。

环状图主要用来区分或表明某种关系，有时也因为多种参数需要而制作。

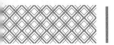

（4）射线图。

射线图也是一种图表，主要用于显示元素与核心元素的关系。

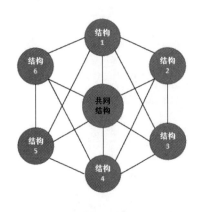

（5）鱼骨图。

鱼骨图的目的是抽丝剥茧，找出影响问题的方方面面，便于解决问题！

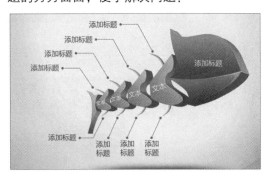

在排版时，如果牵扯到图表和文字，如果图表的数据系列与文字之间存在对应的关系，那么，务必使用一致的色彩。起的作用就是暗示，暗示别人，二者存在一定关联性。

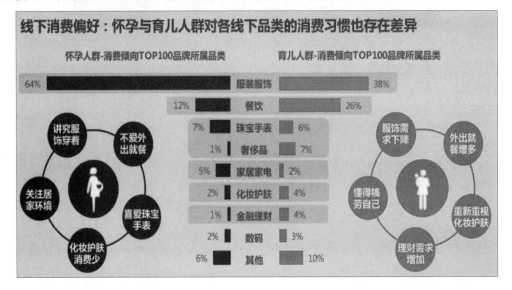

在设计架构图等之类的模型时，对于同一组织内的成员，我们可以使用统一的色彩，来暗示组织内的派系之分。

如果某种色彩重复地出现在同一页面上，就会从视觉上暗示别人，同一种色彩的两个元素存在一定的关联性，我们可以借助它来搭建元素之间的关系。如果二者之间不存在任何关联，最好不要采用相同的色彩。

第13章

视觉设计之美

本章导读

1. 怎样搭配色彩，才能让 PPT 更好看？

2. 如何突破传统，制作出创意的字体？

3. 怎样处理图片，达到锦上添花的目的？

4. 如何使动画效果更流畅，不突兀？

思维导图

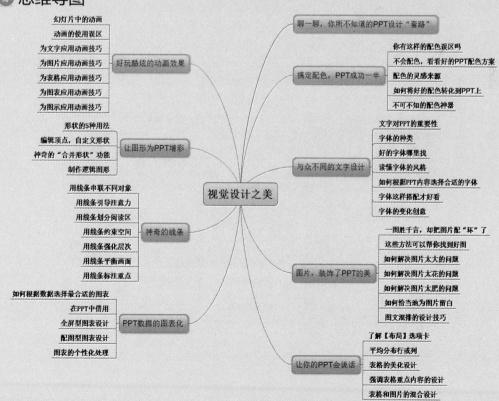

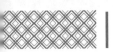
13.1 聊一聊，你所不知道的 PPT 设计"套路"

制作一份完美的 PPT 有很多"套路"，离不开成功的配色，与众不同的文字，恰当的图片及表格、音频等。下面我们来介绍一下 PPT 设计的几种"套路"。

（1）配色方案是制作 PPT 的关键步骤之一。

①乱用色彩。

选择的色彩和自己所讲的主题不搭。假如我们要开年终总结报告，大家普遍选择商务色系 PPT，而你却用了个绿色风景的背景。如果公司业绩好，也许老板会觉得这片绿清新怡人，如果恰好业绩滑坡，那估计就会出大问题了。所以说不要做不合时宜的事情。

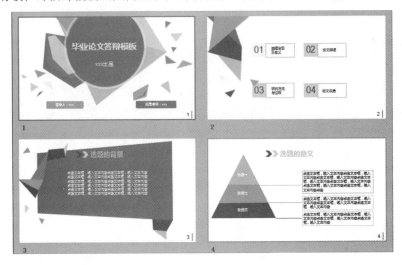

②色彩杂乱。

用色彩强化主题也是制作 PPT 经常使用的技巧，比如大家经常用蓝色强化商务风格，绿色强化环保风格。在同一个 PPT 中，色彩要统一，一旦确定主色，就要坚定不移地贯穿在你的 PPT 里，PPT 也是需要稳定的性格的，不然画风就会变得杂乱无章。

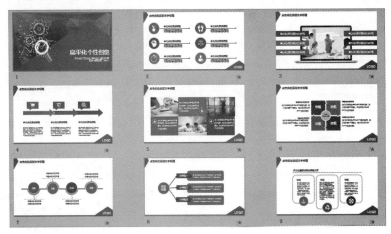

（2）文字字体也是非常重要的。

黑体是 PPT 中使用最多的一种字体，而且也是最适合屏幕演示的一种字体。

而且在幻灯片中，每张幻灯片上的文字不要太多，不要太小，文字和图片的颜色也要有明显的对比度。下图所示就存在上述问题。如果是这样的话，台下的观众真的还会有耐心去看上面写的内容吗？

（3）图片的排版问题。

图片的排版相对来说还是比较简单的。首先，每一张幻灯片上的图片要保证一样的尺寸，并对它们进行整齐的排列，这样会给人一种舒适有序的感觉。

因为文字给人的是想象空间，但只有视觉才能够说服人。当你在演讲时，如果 PPT 上面大部分都是大标题和图片，给观众的感觉会更好，你也会更加有自信。

最后需要再强调的一点是：图片的选择必须要符合自己的 PPT 主题。

13.2 搞定配色，PPT 成功一半

优秀的配色方案给人一种舒适的视觉感受，能够调节幻灯片页面的视觉平衡，并能够突出重点内容等。

13.2.1 你有这样的配色误区吗

（1）错误认识：配色越绚丽越专业。

正确认识：配色越舒服越专业。

那么什么样的配色看着舒服？

①颜色饱和度低——因为太亮易引起视觉疲劳。

③有主色与辅色——即页面有重点。

②颜色数量适中——同一页面颜色数量不超过 5 种。

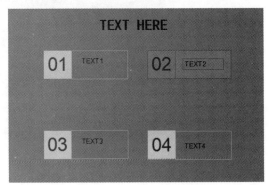

（2）错误认识：配色好看是第一位。

正确认识：配色正确是第一位。

怎样才叫配色正确？

①符合演讲场合的氛围。

比如，在娱乐或非正式场合，使用色彩缤纷的配色。

②符合演讲主题。

比如，与儿童相关的主题，使用清新可爱的配色。

大自然展示主题，使用阳光清新的配色。

但是，现实总是残酷的——大部分人对配色几乎没有概念，更别提根据演讲主题和场合给 PPT 配色了。

13.2.2 不会配色，看看好的 PPT 配色方案

主题颜色的使用也是一门学问，而很多用户往往缺乏这方面的专业训练。当我们需要设置不同的主题颜色时，可以通过改变调色板中的配色方案来实现，站在巨人的肩上才能看得更远，我们平时可以从网上或者书籍中看看好的 PPT 配色方案。

当然，PPT 的开发者为广大用户预置了很多种配色方案，并以【主题】的方式提供。

在【设计】选项卡中找到【主题】，单击下拉菜单，会显示出不同的主体颜色。

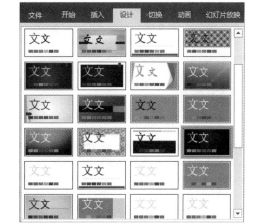

我们可以根据自己的需要来选择不同的主题颜色。选择完主题之后，我们来对它进行配色。

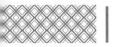
1. 幻灯片背景的配色

我们在做 PPT 的过程中，为了让页面的内容更加聚焦，让内容更加直观地呈现在眼前，更好地突出 PPT 演示的内容，有时会加入背景与元素的配色对比。

有时候饱和度高的背景颜色会影响观众的注意力，不一定能够突出内容的重点。反而有时候饱和度低的背景颜色却能够更好地突出 PPT 演示的内容。

2. 只用一种颜色作为主色

一张幻灯片中所有的颜色建议不要超过 5 种，颜色用得太多会分散观众的注意力。

并且建议选择一种颜色作为主色来做对比和强调。这样可以保持整个幻灯片的设计一致性，更具有可阅读性和设计感。

3. 最好用与最不好用的配色方案

在职场中最好用的配色方案就是黑色配白色或浅灰色、黑色配黄色、白色配蓝色可以显示出科技感。

说了最好用的，那么最不好用的配色是红绿、红紫、蓝黑、蓝黄，如下图所示。

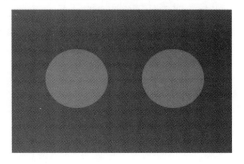

13.2.3 配色的灵感来源

那如何才能让配色创意源泉不断输出？很简单，只需多看一些优秀的设计作品，在这个过程中你会发现自己配色的审美会不断提升。推荐你可能熟知的国外优秀网站。

（1）Discover。

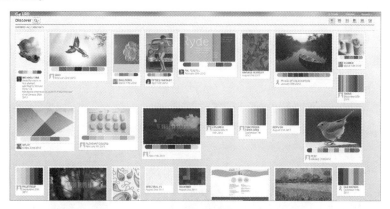

（2）Checkmycolours。

（3）Behance。

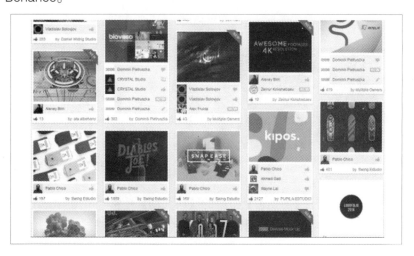

（4）Dribbble。

13.2.4 如何将好的配色转化到 PPT 上

当我们看到合适的幻灯片，如何复制此幻灯片的配色到自己的 PPT 上呢？

第1步 首先打开相中的 PPT 和需要编辑的 PPT 文档，分别单击相应的【视图】选项卡下的【全部重排】按钮。

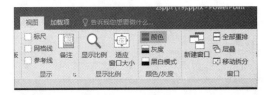

第2步 单击【全部重排】按钮后，会出现下图，然后在小窗口中选择自己满意的 PPT。

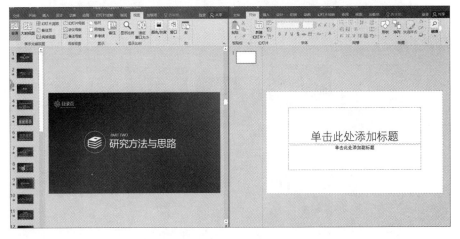

第3步 单击【开始】选项卡下【剪切板】组中的【格式刷】按钮（单击一次【格式刷】可以着色一张幻灯片；双击【格式刷】按钮可着色多张幻灯片），接着单击需要编辑的 PPT。

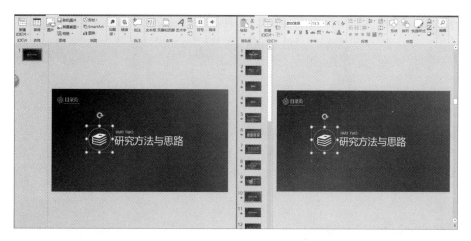

第4步 按【ESC】键退出格式刷。

13.2.5 不可不知的配色神器

好的配色离不开正确的配色软件，例如取色器、ColorSchemer 软件、ColorPix 软件等。

1. 取色器的使用

PowerPoint 2016 可以对图片的任何颜色进行取色，从而更好地搭配文稿颜色。其具体步骤如下。

第1步 打开 PowerPoint 2016，应用任一种主题。选择标题文本占位符，单击【绘图工具】，在【格式】选项卡下【形状样式】组中单击【形状填充】按钮，在弹出的【主题颜色】面板中选择【取色器】选项。

第2步 在幻灯片上单击任意一点来拾取该处的颜色。

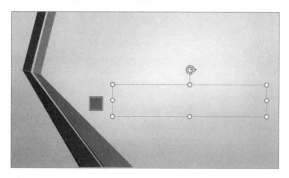

第3步 将拾取的颜色填充到文本框中，其效果图如下。

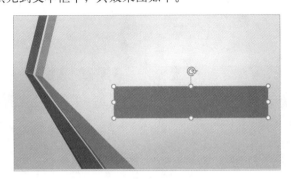

2. ColorSchemer 软件的使用

ColorSchemer 是目前一款很受欢迎的配色辅助软件。ColorSchemer 可以从屏幕中拾取颜色，当然也能够自己配色，或者进行取色分析，进而自动生成配色方案等。此软件功能非常丰富，足以满足人们的需求！

ColorSchemer 主界面如下所示。

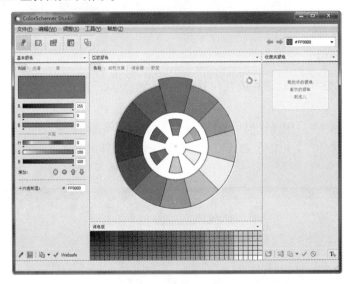

ColorSchemer 非常容易上手，我们可以随意单击颜色盘，漂亮的颜色就出来了。

① 通过调节基本颜色的 R、G、B 三个值的大小，可以改变颜色配比中 RED、GREEN、BLUE 的配比，也就是 RGB 格式的颜色调整。

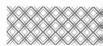

② 通过设置 H、S、B 三个数值，可以通过色调、对比度、亮度，也就是 HSB 格式的调整，来改变颜色。

③ 下面框中的值也就是当前颜色的 16 进制表示。

④ 通过单击左下角的颜色提取工具 ✎，便可以提取屏幕中的任何颜色。

13.3 与众不同的文字设计

字是 PPT 最基本的组成元素，是观众注意的焦点，也决定了主题和版式。与众不同的文字设计可以给观众带来不一样的视觉享受。

13.3.1 文字对 PPT 的重要性

文字是记录人类语言的书写符号，是我们交流的工具之一，更是人类文明进步的象征。文字的书写形式是字体，每个好的 PPT 都离不开适合它的文字，字体能让 PPT 与众不同。

下面的两张 PPT，你看了会觉得哪张更专业呢？

13.3.2 字体的种类

字体的种类有很多。打开 PowerPoint 2016，选择幻灯片上需要设计的文字，在菜单栏单击【开始】选项卡。

然后在【字体】菜单栏中有字体选项。

里面包括我们经常使用的字体。当然，有时候只有这些字体是满足不了我们的，那么我们应该去哪找一些好的字体呢？

13.3.3 好的字体哪里找

微软的操作系统中自带了很多种字体，但是也是有限的。如果想更加丰富自己 PPT 的表达能力，那么就要安装一些字体。

方正字库能够帮助你很方便地选择合适的字体，它提供了字体的条件检索功能，且不仅仅局限于 PPT 中。

网址：http://www.foundertype.com/。

另一个就是找字网。找字网比较有名的中文字体有锐黑系列、方正系列、文鼎系列、华康系列及各种书法字体。网址：http://www.zhaozi.cn/。

友情提示：当字体用于商业场合时，一定要注意版权问题。只有尊重原创者的劳动成果，设计者才能不断设计出更漂亮的字体。

13.3.4 读懂字体的风格

不同的场合可以使用不同的字体。

方正大黑简体可以使标题醒目，风格简洁且冲击力强。

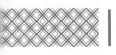

方正粗活意简体强调轻松写意，在旅游介绍 PPT 等轻松场合可以使用。

方正粗宋简体字型庄重正式，适合在官

方场合或者下发的文件中使用。

华文楷体端庄大方、匀称整齐，细节处设计较好，能够使文字充满意气风发的朝气。

13.3.5 如何根据 PPT 内容选择合适的字体

（1）标题用衬线字体，正文用非衬线字体。

衬线字体指有些偏艺术设计的字体，在每笔的起点和终点总会有很多修饰效果。衬线字体一般会很漂亮，一般适合用来做大标题,采用大字号。非衬线字体是指粗细相等、没有修饰的字体。笔画简洁，不太漂亮，但很有冲击力，容易辨认，所以很适合用来做 PPT，适合正文采用。

（2）字体也是有性格的，选对才能和谐。

文字也有阳刚、阴柔、霸气、开放、保守的性格，不同的主题、不同的演示角色，要选择不同性格的字体。

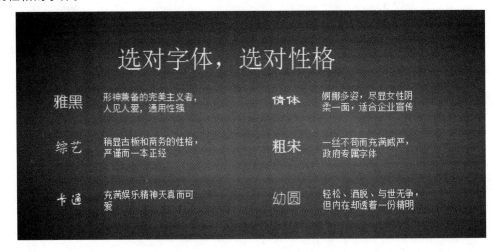

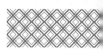
13.3.6 字体这样搭配才好看

每种字体都有自己的声音，这种声音将影响我们阅读文字的感受，也影响我们吸收和处理信息的过程。

1. 将要表达的信息配上适当的感觉

每种字型都散发独特的情感或个性，也许是友善、新潮或严肃，但大部分的字型并不是万用的，所以先要判断这个字型对你来说是什么感觉，将你想要表达的信息配上适当的感觉。

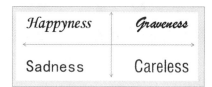

2. 配合观众的心情

在设计 PPT 文字时，要想到 PPT 所要面对的对象并选择合适的字型、字体来适应观众的心情。

3. 让字型的尺寸搭配设计内容

选择和安排设计的字型时，阅读难易度应该是首要考虑之一。字太小难以阅读，字太大又很烦人，合适的尺寸搭配可以让观众耳目一新。

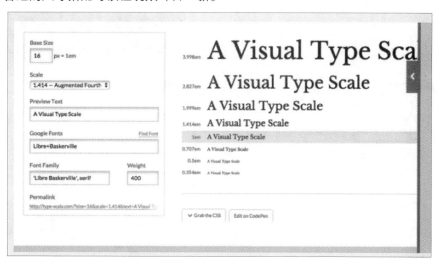

4. 安排层次

如果一个设计层次分得好，看起来就整齐，容易定位，可以更容易找到你要的信息。

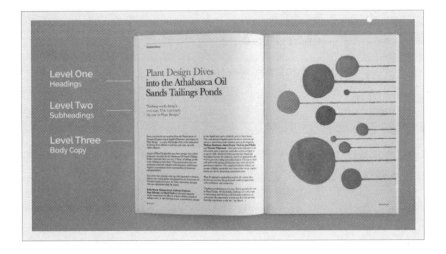

5. 别忽略了留白和对齐方式

设计成也细节，败也细节，其中留白和对齐影响很大，这两者可以让版面又挤又混乱，也可以带来干净和秩序。

13.3.7 字体的变化创意

1. 替换法

替换法是用某一形象的文字或者图片替代字体的某个部分或某一笔画，将文字的局部替换，是文字的内涵外露，在形象和感官上都增加了一定的艺术感染力。

2. 共用法

文字也是一种视觉图形。它的线条有着强烈的构成性，从单纯的构成角度来看笔画之间的异同，寻找笔画之间的内在联系，把它们可以共同利用的部分提取出来合并为一。

3. 叠加法

叠加法是指将文字的笔画互相重叠使图形产生三维空间感，通过叠加处理的实行和虚形，增加设计的内涵和意念，以图形的巧妙组合与表现，使单调的形象丰富起来。

13.4 图片，装饰了 PPT 的美

PPT 中为什么要用图片呢？并不是因为图片好看，或者图片会给人以视觉冲击力。而是因为一张好的图片，能够衬托出我们演讲的主题，可以节省大量的文字去描述或者解释，从而节约了演讲的时间。

13.4.1 一图胜千言，却把图片配"坏"了

PPT 中配图是必要的，但是很多人并不会配图。俗话说"图文并茂"最吸引人，但也许这只是一个误会，也许你的 PPT 并不符合这句话而是"图不配文，文不配图"。

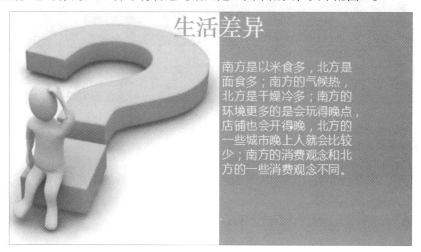

你以为图片上在思考大家就会思考吗？

上图的 PPT 明显是希望通过图片来引发观众去思考这个生活差异问题，但是观众不一定就会因为一张正在思考的小人而去思考。

想要引发观众去思考问题，最好的办法就是利用一些犀利的观点或者数据，或者一些饱含蕴意的图片去引导观众。

你以为多堆积图片大家就会喜欢？

上图的 PPT 是由某个景点的很多照片堆积而成的，这样给人的感觉就是密密麻麻，很乱的样子，并不会吸引人前往去欣赏。

这样错乱的排版，很容易让人抓狂。介绍的时候应该将它们完整、清楚地罗列起来，并配有几句优美的修饰语，这样很容易打动人心。

13.4.2 这些方法可以帮你找到好图

什么是好的、有品位的图片呢？为什么同样是在 PPT 中配图，有的人选择的图片就很好看，而有的人选择的图片就很难看？

在选择图片之前，我们要思考几个问题：图片和文案有没有关联性；图片有没有故事性；图片有没有真实感等。

如毕业季，选择黄色的图片背景加上胶卷相册，会显示出一种让人思念且舍不得的感情。

在第 12 章我们已经讲过如何寻找好的素材。那么当需要几张拼图来表达我们的思想时，我们该怎么办呢？

接下来我们来介绍几种好用的拼图软件。

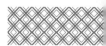

（1）美图秀秀拼图。

打开美图秀秀桌面版，选择【拼图】→【图片拼接】，进入拼图界面。这时可以一次添加多张图片，还可以调整图片的顺序。美图秀秀的拼图功能会帮助你把拼接出来的图片自动调整到比较合适的大小。

| 提示 |

美图秀秀最多支持 30 张图片。

（2）新浪微博拼图。

除了在正式场合播放外，有时我们还会选择发表微博。发表微博时免不了使用拼图功能。新浪微博拼图的使用方法是：在插入图片的时候，选择插入多张图片，然后选择图片拼接，一次可以拼接 9 张图片，拼接完成后上传到微博就可以了。

13.4.3 如何解决图片太大的问题

在制作 PPT 的过程中，总会有一些图片会深深地打动你，然后你会选择用这些照片来传递

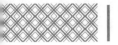

你要表达的意思，但是有时候这些图片难免会因为尺寸太大而无法使用。那么接下来我们介绍一款工具，它能够无损地制作出我们需要的尺寸的照片。

1. PhotoZoom Pro

PhotoZoom Pro 是一款技术上具有革命性突破的工具，该工具最大的特色就是可以对图片进行加工而不会有锯齿。在使用的时候只需要把想要修改的图片导入该软件，选择图片需要的尺寸就可以了。

2. 图片的裁剪

当然，如果图片太大且图片的内容有的用不到，那么可以裁剪出我们想要的那一部分，图片就会立刻化腐朽为神奇。

裁剪：保留图片的局部部分。（素材文件 \ch13\13.4.3.pptx）

如果我们现在只需要上图中左下角这个

飞机的图，在选中图片后会出现【格式】菜单，进入菜单后可以看到【裁剪】下拉菜单，选择【裁剪】后，图片周围会出现拖动手柄。拖动手柄来选择需要的图片部分。

裁剪后，可以得到下图。

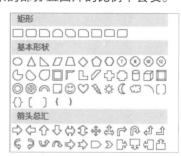

要裁剪的形状。这样它会默认按图片形状剪掉多余的部分且图片的比例不会变。

在裁剪的过程当中，我们也可以选择需

13.4.4 如何解决图片太花的问题

PPT 的制作过程中插入图片是不可或缺的，其间插入图片时，我们都会遇到图片太花的问题，也就是图片清晰度差。造成这种现象的原因有好多，这节就着重分析常见的原因。

如果我们插入的是 JPG 格式的图片，这种图片有文件体积较小的特性，实质上是有损压缩的方式，这种 JPG 格式图片往往清晰度不是很好，容易出现图片太花的现象，所以我们应尽量不要使用 JPG 格式图片，可以使用 BMP 格式图片替代。通过下图让我们来观察这两种图片的区别：左图是 BMP 格式图片插入 PPT 后，左图更清晰，右图相对比较花。

当然，图片太花很可能是分辨率不合适。制作 PPT 时，对于那些占据整个页面的图片，系统会默认 1024 像素 ×768 像素的分辨率，为了使插入 PPT 后的图片依旧能够清晰显示，则需先在其他图片编辑程序上对所需的图片进行放大、缩小及切割等操作，然后进行保存，切记使图片的分辨率接近于 1024 像素 ×768 像素的分辨率，这种分辨率的图像往往不会花，很适合插入 PPT。

接下来以 ACDSee 软件为例，对图片的分辨率进行设置。

首先打开 ACDSee 软件，选中文件图片，然后按【Ctrl+R】组合键，可出现【批量调整图像大小】窗口，即可选择图片相应的像素。

ACDSee 软件打开界面图如下图所示。

Word/Excel/PPT 2016
办公应用从入门到精通 2（精进工作）

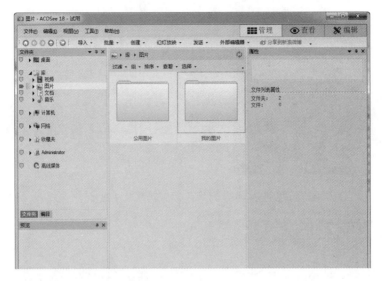

【批量调整图像大小】窗口如下所示。

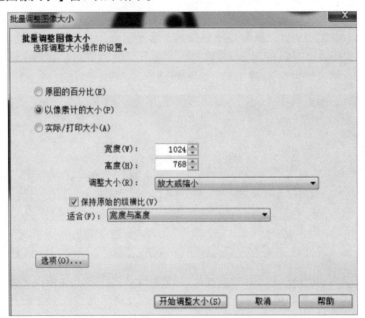

13.4.5 如何解决图片太肥的问题

　　PPT 播放过程中经常会遇到卡的现象，也就是我们所说的 PPT 太肥。造成这种现象的原因有很多，可能是 PPT 中图片太多、音频视频所占空间大等。

　　面对不同的原因，我们有不一样的应对措施。如果是文本方面卡的话，我们可以不对所有的文字都增加动画效果，而是选择整篇幅用一个动画，这样可以大大缓解文本方面卡的问题。下面我们着重学习怎么解决因文件太大而卡的问题。

　　让我们通过小小的设置来给 PPT 瘦身吧！

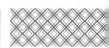

第1步 打开 PPT 文件，然后单击【文件】选项卡中的【另存为】按钮，弹出【另存为】对话框，如下图所示。

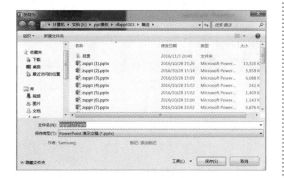

第3步 选中【删除图片的剪裁区域】复选框，同时选中【Web（150 ppi）：适用于网页和投影仪】单选按钮，此时已经完成 PPT 的瘦身了。

第2步 然后单击底部的【工具】→【压缩图片】，出现【压缩图片】对话框。

13.4.6 如何恰当地为图片留白

PPT 的制作中少不得留白，正所谓留白是一门艺术，然而具体怎么留白呢？留白形式有很多，例如上图下字型留白、左图右字型留白、全文字型留白等，接下来让我们共同探讨，一边欣赏一边分析。

下图为上图下字型的留白，明显可以感觉到这种风格整体感强，适用于简单、简洁的幻灯片。这是由于图片和色块联合在一起构成了一个"横条"，此横条放页面中间之后，留白就形成了。

下边我们分析另一种留白方法，即左图右字型留白。显然可以看出下图有很强的层次感，使读者一目了然。下图中图片距离幻灯片的上边界和下边界有一定距离，同时右边的文字高度和左边的图片高度设置为相同高度，此时即完成了左图右字留白。

13.4.7 图文混排的设计技巧

图文混排强调图片表现与文字阐述的相互融合。图文混排有 3 种样式。

1. 全图型的图文混排

所谓全图型，是指图文中图形占据页面的主体部分，而文字是辅助部分。最容易出现的问题：① 图文色彩十分艳丽，文字被完全掩盖在图片之中，妨碍阅读。② 文字位置添加不适当，不能与图片内容协调一致。③ 图片与文字内容没什么关系，图片没有起到突出主题的作用。

2. 半图型的图文混排

所谓半图型的图文混排，是指图片占据页面的范围大约只有版面的一半左右，因此文字区域也占据约一半左右的空间。不出色的页面具有以下缺点：① 图片的呈现方式只是简单地置于一侧，页面显得呆板。② 图片与文字之间的关联关系不明确，两者"各自为战"。

3. 多文本页面的图文混排

多文本页面的图文混排是指页面上文字较多，留给图片的空间很少或几乎没有。指导思想是：突出文字内容，专注文字排版，适当增加小图，起到页面点缀；可通过添加色块，增强页面融合。

图文的颜色搭配有以下技巧。

① 暗图配亮字。

如果图片整体上偏暗，那么字体就使用亮色来突出。

② 亮图配暗字。

相反，如果图片整体偏亮，那么字体则使用暗色来突出。

③ 杂图加色块。

如果图片的颜色太多，添加一个半透明

的色块，然后把文字放在上面。

颜色杂
加色块

④ 杂过头去模糊。

如果图片的元素非常杂，那么就在图片编辑文件中加一个"高斯模糊"的滤镜，然后再配上文字。

杂过头
模糊掉

13.5 让你的 PPT 会说话

在设计 PPT 的过程中，我们不免会使用到表格来罗列数据。那么怎样才能让 PPT 中的表格能够兼备美观性和动能性，使你想要表达的思想直观地展示出来，让你的 PPT 会说话呢？

13.5.1 了解【布局】选项卡

首先，在 PPT 中插入一个表格，当选中这个表格时，菜单栏会出现【表格工具】这一项，包括【设计】和【布局】两个功能。单击【布局】会出现以下布局。

接下来学习下它的部分功能。

（1）合并拆分单元格功能区：通过合并拆分单元格的功能技巧可以创建一些多样化的表格，使想要展示的数据能够更加有趣味性地展示出来。

普通表格如下所示。

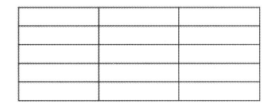

合并第一列后的表格如下。

拆分第二、三列后的表格如下。

（2）单元格大小功能区：这块功能区可

以精确地设计单元格的宽和高，并且也可以通过【分布行】和【分布列】两个按钮快速制定表格的排版。

（3）表格尺寸功能区：在这个功能区可

以设置插入表格的尺寸，包括高度和宽度。下面的【锁定纵横比】复选框的作用是当选中它时，对表格进行放大或者缩小都不会影响到单元格大小的相对比例。

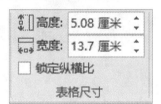

13.5.2　平均分布行或列

当我们在 PPT 中插入一个表格后，如何平均分布它的行和列呢？

在 13.5.1 节中我们了解了【布局】选项卡。其中，在单元格小功能区有两个快捷按钮【分布行】和【分布列】。

现在有一个列不均匀的表格。

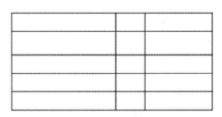

选中该表格，单击【单元格大小】中的【分布列】按钮，表格的列会自动均匀分布，如下所示。

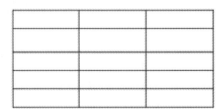

同理，当表格的行分布不均匀时，可以单击【分布行】按钮来进行平均分配。

13.5.3　表格的美化设计

表格和图片一样，也是需要美化设计的。通过美化表格，可以形象地展示在观众面前。

首先在 PPT 幻灯片中插入一个表格，选中该表格，在【表格工具】中，选择【设计】选项卡，会展现出以下功能区。

在【表格样式】组，有多种样式可选择。

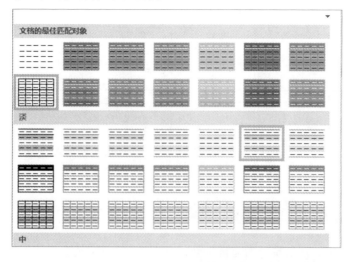

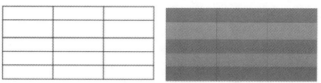

在【表格样式】组，可以选择表格的格式，如第一行为标题行。

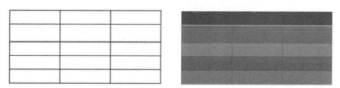

这样，第一行的三列会自动合并为一列，然后可以在其中添加标题。

13.5.4 强调表格重点内容的设计

当然，表格也是有重点内容的。那么怎样来突出它的重点内容呢？
（1）利用表格颜色的不同来突出重点内容。（素材文件 \ch13\13.5.4.pptx）

水果	单价	数量
西瓜	6	13
香蕉	5	10
苹果	8	6
橘子	4	8

水果	单价	数量
西瓜	6	13
香蕉	5	10
苹果	8	6
橘子	4	8

这样表格中水果的种类、单价和数量会显著地表现出来。

（2）利用表格中的字体来突出重点内容。

水果	单价	数量
西瓜	6	13
香蕉	5	10
苹果	8	6
橘子	4	8

水果	单价	数量
西瓜	6	13
香蕉	5	10
苹果	8	6
橘子	4	8

除了文字的颜色外，也可以在字体上下点功夫。设计重点内容的字体与众不同，这样也可以强调出其想要表达的重点内容。

13.5.5 表格和图片的混合设计

在 PPT 的设计制作中，有时需要将表格和图片混合设计来展现主题，那么这种样式应该怎么设计呢？

首先，在 PPT 中插入一个表格，选中表格，在菜单栏【表格工具】中选择【设计】选项卡，在【表格样式】中单击【底纹】按钮。

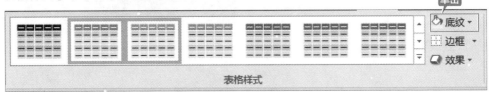

单击【底纹】按钮右边的下拉按钮，在弹出的列表中选择【图片】。

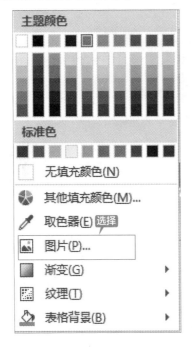

插入图片，默认格式为图片填充在表格的每一个单元里。（素材文件 \ch13\13.5.5.jpg）

如果我们想让一张图片填充在所有的单元格中，可选中该表格，单击鼠标右键，在弹出的快捷菜单中选择【设置形状格式】，然后在弹出的【设置形状格式】对话框中选中【图片或纹理填充】单选按钮。

13.6 PPT 数据的图表化

图表的作用就是将那些看似关系并不十分密切的数据，以直观的形态展现在人们面前，增强信息的可读性、可比较性、帮助观众快速理解所讲内容，了解我们想要传达的意图和思想。

13.6.1 如何根据数据选择最合适的图表

设计图标的核心思想是：保持简约。PPT 中数据图标保持简约，才能够更加清晰地展示在观众面前，使观众能够比较容易理解图标内容。

条形图和折线图是最常用的两种图表。这两种图表具有较高的清晰可读性，最容易被接受和理解。它的设计样式包括全屏型图表和配图型图表。

那么如何来选择使用哪种图表呢？

条形图：可以非常清晰地表达不同项目、产品之间的差距和数值。通常用于不同类别或者不同数据之间的比较，也可以用来反映不同数据和不同时期的差异。

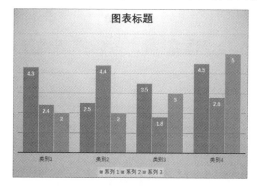

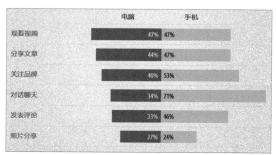

折线图：通常用来描述一种或几种数据随着时间的推移而发生的变化，可以根据之前的数据来预测未来的发展趋势等。

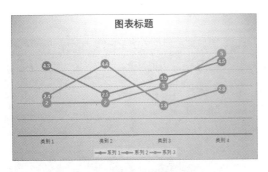

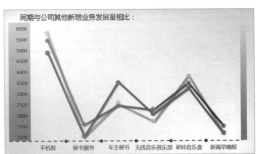

13.6.2 在 PPT 中借用

在 PPT 中借用 Excel 图表的操作步骤如下。（素材文件 \ch13\13.6.2.xlsx）

第1步 选中需要借用 Excel 图表的幻灯片，单击【插入】选项卡下【文本】组中的【对象】按钮，会弹出【插入对象】对话框，选中【由文件创建】单选按钮，然后单击【浏览】按钮。

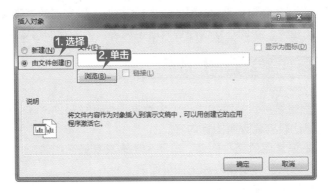

第2步 在弹出的【浏览】对话框中打开我们之前已经做好的 Excel 图表所在的 Excel 文件"2016国庆期间各店销售情况表"，返回【插入对象】对话框单击【确定】按钮。

第3步 此时就可以在演示文稿中插入 Excel

表格，如果双击表格，则可以进入 Excel 工作表的编辑状态。最后适当调整图表的大小，完成在 PPT 中借用 Excel 图表的操作。

2016国庆期间各店销售情况

2016国庆期间五店销售详表（单位：万元）				
	A路店	B路店	C路店	D路店	E路店
2016.10.1	90	81	64	70	78
2016.10.2	68	88	85	83	81
2016.10.3	88	73	63	72	67
2016.10.4	66	77	72	61	79
2016.10.5	62	62	66	80	70
2016.10.6	89	67	74	72	79
总计	463	448	424	438	454

13.6.3　全屏型图表设计

在产品发布会上，我们经常会看到全屏型图表。全屏型图表有很多种，下面是采用条形图和折线图设计的案例。

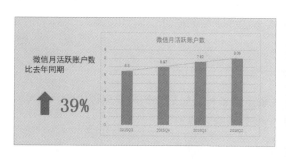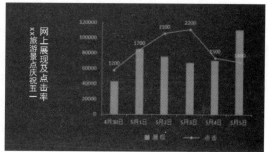

13.6.4　配图型图表设计

有时候为了让图表更加形象，使观众能够快速理解我们的意图，我们会在图表中配上一些图片。下面是采用条形图和折线图设计的案例。

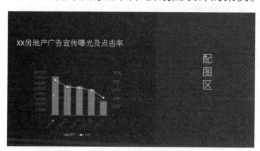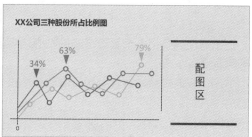

13.6.5　图表的个性化处理

在日常的生活和工作当中，以上两种图表形式就足够了。当然，除了上述所说的两种图表形式外，还有一种形式：随心所欲的个性化型。这种图表就没有什么限制了，我们可以依靠自己的爱好和兴趣来个性化设计，比如三维空间形态等。

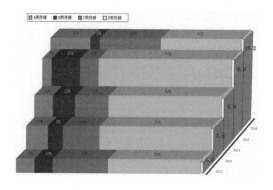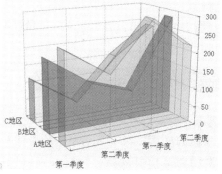

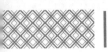

13.7 神奇的线条

好的PPT离不开好的排版，而线条是PPT排版必不可少的。我们往往会觉得排版很难，然而解决好线条问题就远离了困难。

好的线条有神奇的功能，如引导注意力、约束空间、平衡画面等。

13.7.1 用线条串联不同对象

在制作PPT的过程中，往往PPT内容间的联系多种多样，如果我们需要表现内容的相关联性，就不可缺少线条，如下图就运用线条表现多个相关联的内容。

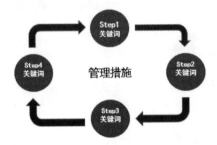

上图通过线条把多个管理措施的核心内容连接起来，给人清晰明了的感觉，便于读者理解，效果明显提高。

下图让我们观察下有线条和没有线条的区别

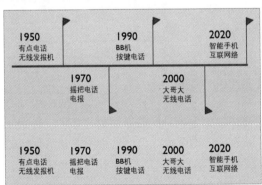

从图中可以看出，运用线条将年份进行串联，很好地表现出各年份之间的关系，从而呈现出时间的相关性。

13.7.2 用线条引导注意力

线条是好的幻灯片的灵魂，这一节我们来学习PPT的引导作用。引导即引领，主导作用的意思，正如我们往往有跟着线条走的潜意识，即线条引导我们的注意力。

（1）线条指引阅读。

我们在阅读时容易被线条的方向所指引，尤其适合在目录内容和整段文字情况来引导读者

的阅读视线，正如下图所运用到的，分别使用进度式和分支式线条来描述目录，清晰地传达了 PPT 的主要内容，起到了很好的引导作用。

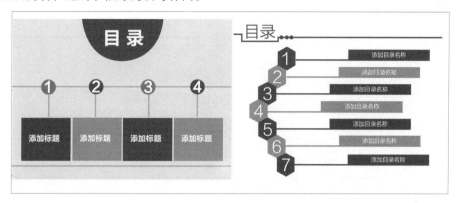

（2）线条改变方向。

在 PPT 的制作中，线条能够很好地被用来改变方向和指引方向，正如下图所运用的，恰当地使用线条，用带箭头的线条引导我们阅读，减少阅读的耗时，使我们的思路更有条理、更清晰。

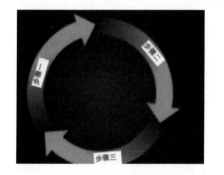

13.7.3 用线条划分阅读区

线条常常被用来划分阅读区域，把大段的文字划分为多个模块，使内容条理化，让读者更清楚地了解各个部分的主要思想和内容，同时也减少信息量，有利于我们的快速阅读。下图分别是使用划分阅读区和未使用划分阅读区的幻灯片，让我们来看看不同。（素材文件 \ch13\13.7.3.pptx）

图中可以看出左边的 PPT 有线条修饰，节奏感较强，起到了强调作用，便于读者理解。在 PPT 的制作过程中，总结是必不可少的，线条在总结中就经常起到划分阅读区域的作用，正如

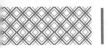
下图。

心得一

- 单击此处添加段落文本单击此处添加段落文本
单击此处添加段落文本单击此处添加段落文本
- 单击此处添加段落文本单击此处添加段落文本

心得二

- 单击此处添加段落文本单击此处添加段落文本
单击此处添加段落文本单击此处添加段落文本
- 单击此处添加段落文本单击此处添加段落文本

13.7.4 用线条约束空间

线条的作用各种各样，除了之前讲解的引导作用、划分区域作用，还有约束空间的效果，本节我们来了解用线条约束空间的神奇效果。

通过下图可以看到两个 PPT 的不同，左边的 PPT 上下各加了一个线条，实则约束了空间，明显让画风整齐，有条理，效果大大增强。（素材文件 \ch13\13.7.4.pptx）

致 谢

感谢母校提供的学习与实践的机会；
感谢导师团队，特别感谢老师给予的耐心指导；
感谢同学的帮助；
感谢评审！

致 谢

感谢母校提供的学习与实践的机会；
感谢导师团队，特别感谢老师给予的耐心指导；
感谢同学的帮助；
感谢评审！

13.7.5 用线条强化层次

恰当地使用线条可以增强 PPT 的层次感，让 PPT 的主次更明显。通常幻灯片有整体和局部的区分，也就是作品内的层次和每一页的层次，现在让我们来感受下使用线条来增加层次。

　　上图都是使用线条增加层次，分别把目录中的各个部分和研究的不同意义分隔开，有益于阅读和理解，效果一目了然。

13.7.6 用线条平衡画面

　　有时候因为 PPT 中有插入图片或者文字少图片多，很容易使人偏离重点，这个时候适当加入线条来平衡画面是再合适不过的了。

　　此幻灯片插入了图片，容易让读者把注意力放到图片上，而忽略了真正的重点，在此时使用线条很好地起到了平衡画面的作用，让读者看到作者想表达的重点，即项目设计方案。
　　下边我们再来看下有线条和没有线条的对比图。下图我们明显感觉到左图更能突出幻灯片作者的侧重点，平衡了图片太亮的画面感，大大增强了效果。

13.7.7 用线条标注重点

　　PPT 的制作往往要求突出重点，简明易懂，而在适合的情况加入线条即可达到此效果。例如，某些场合我们运用线条来标注说明，或者在主题下添加线条。

下图是通过标注说明来突出重点，此时对不同蔬菜的划分进行相关的解释说明，通过线条的连接清晰地表述出来。

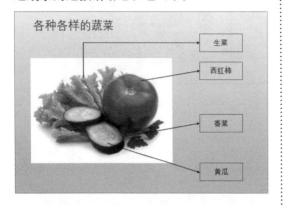

下图的幻灯片对论文主题进行扩散性说明，通过线条标注重点，形成由点到面的放射处理，使读者一目了然，加深对 PPT 内容的理解。

下边的图片分别是使用线条来标注重点和未使用线条的对比图。明显可以看出左边的图片更受欢迎，左边图片突出重点，易于理解，这就是线条的优势。

13.8 让图形为 PPT 增彩

在 PPT 的制作过程中，我们不免会使用一些图形来修饰 PPT 元素，以更好地将信息传达给观众，为 PPT 添加色彩。但是我们在使用图形的过程中，一定不能滥用图形，以免弄巧成拙。

13.8.1 形状的 5 种用法

在 PPT 菜单栏中，单击【插入】选项卡下【插图】组中的【形状】按钮下侧的下拉按钮，在弹出的列表中有很多种形状供我们选择。

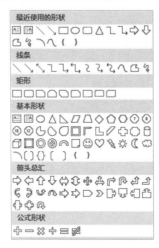

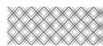

形状的用法有 5 种，下面我们来详细介绍。

1. 色彩填充

首先，我们选择插入一个椭圆形状，选中该形状，在【格式】选项卡的【形状样式】组中，可以为插入的形状选择多种形状样式。

同时，我们也可以通过【形状样式】组右半部分的"形状填充""形状轮廓"和"形状效果"来设计插入形状的样式。

如果我们需要更多的艺术效果，那就需要使用相对复杂的颜色了。选中插入的图形，单击鼠标右键，在弹出的快捷菜单中选择【设置形状格式】，在幻灯片的右半部分会弹出【设置形状格式】对话框。

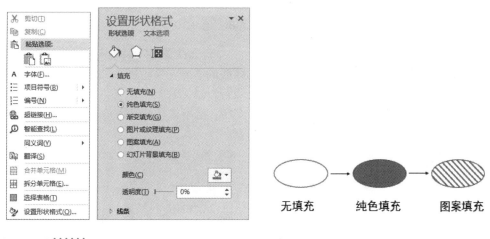

无填充　　　纯色填充　　　图案填充

> **提示**
>
> 对"纯色填充"的形状最常用的一种操作是设置透明度。
>
>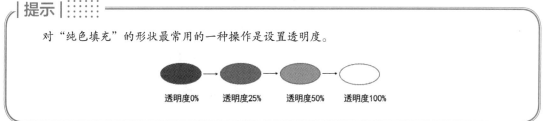
>
> 透明度0%　透明度25%　透明度50%　透明度100%

2. 组合图形

你知道下面这3个图形是怎么做出来的吗？

在 PPT 中选中形状，在【绘图工具】的【格式】选项卡的【插入形状】组中单击【合并形状】右侧的下拉按钮，在弹出的列表中，有【联合】【组合】【拆分】【相交】和【剪除】5个选项。

图片中第一个图形需要用到 PPT 中【绘图工具】菜单栏下【合并形状】的联合功能。
图片中第二个图形需要用到 PPT 中【绘图工具】菜单栏下【合并形状】的组合功能。
图片中第三个图形需要用到 PPT 中【绘图工具】菜单栏下【合并形状】的拆分功能。

3. 统一图片

首先快速插入两个一模一样的矩形。

接着把我们需要的图片插入到 PPT 中，并调整大小，置于底层。

最关键的一步来了，我们先用鼠标单击图片，然后单击形状，最后用【合并形状】中的【相交】功能即可实现！

4. 图片蒙版

什么是蒙版？简单来说就是给图片一种朦胧的感觉，实现图片的局部模糊效果。蒙版可以对图片局部虚化，便于在图片上添加文字，且不容易显得突兀！

使用蒙版前　　　　使用蒙版后

（1）新建一个形状，把填充颜色设置为：渐变填充。

（2）渐变方向改为：线性向左。

（3）渐变颜色的两端填充一样的颜色：用取色器取原图中最左边一点。

（4）最后把左边颜色的透明度改为100% 即可完成。

5. 矢量文字

矢量文字是利用形状和文字做出来的。

第1步 输入文字，插入形状，并调整好位置。

第2步 选中文字和形状，选择【合并形状】中的【相交】即可实现。

|提示|

先点文本框后点形状和先点形状后点文本框，所实现的效果是不一样的！

文本框和形状相交之后，单击鼠标右键，在弹出的快捷菜单中选择【编辑顶点】即可实现以下字体效果。

13.8.2 编辑顶点，自定义形状

PowerPoint 2016 默认自带的形状有很多种，但是这些形状也是有限的。当我们需要的形状在默认中不存在时，该怎么办呢？

这时，可以编辑形状的顶点来自定义我们想要的形状。

第1步 插入一个形状并选中，在【绘图工具】中的【格式】选项卡中的【插入形状】组中单击【编辑形状】按钮。

第2步 单击【编辑形状】右侧的下拉按钮，在弹出的列表中选择【编辑顶点】。

第3步 这时我们可以随意拖动之前插入形状的顶点来更改两个黑色顶点之间的线的曲度，自定义想要的形状。

在自定义完形状后，如果以后要使用形状，可以用鼠标右键单击它，在弹出的快捷菜单中选择【另存为图片】即可。

13.8.3 神奇的【合并形状】功能

选择需要合并的形状，单击【绘图工具】中的【格式】选项卡，在【插入形状】组中单击【合并形状】右侧的下拉按钮，然后在弹出的列表中选择所需项即可。

 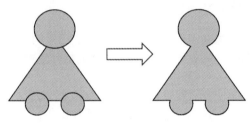

13.8.4 制作逻辑图形

在做 PPT 时，首先要有逻辑思路，然后根据逻辑思路来制作逻辑图形，这样能够保持清晰的 PPT 制作思路。接下来我们学习怎么制作逻辑图形。

第1步 首先创建一个圆角矩形，调整图形并填充颜色。

第2步 设置形状格式：

第3步 选中图形，单击鼠标右键，在弹出的快捷菜单中选择【编辑文字】，添加文字内容。

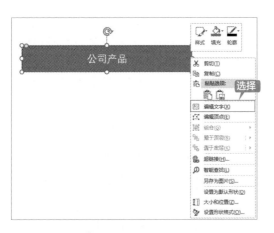

第 5 步 插入圆形和箭头形状，并添加文字，其步骤同上，如下图所示。

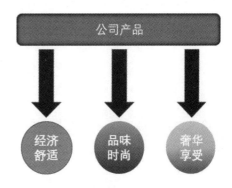

第 4 步 选择效果并添加阴影。

逻辑图形能够使 PPT 主题表现更加明了，也是引导听众的指南针。

13.9 好玩酷炫的动画效果

想要做出好的 PPT，除了具有创意之外，还要有酷炫的动画效果。PPT 的动画效果做得好往往会给人以耳目一新的感觉，让观众看到 PPT 就产生想要继续听下去的冲动。

13.9.1 幻灯片中的动画

动态的 PPT，总是给人活灵活现的感觉，为幻灯片中的某些内容（如图片、文字等）设置动画效果，使幻灯片欣赏起来不至于太呆板。在 PowerPoint 2016 中动画效果分为两种：一种是自定义动画，另一种是切换效果动画。那么在下面几节中我们将详细介绍怎样添加幻灯片中的动画效果。

13.9.2 动画的使用误区

误区一，切不可过度依赖动画效果。PPT 中适当使用动画可以给幻灯片锦上添花，当然凡事不可过度，过度使用往往给读者一种杂乱之感。PPT 中动画适合用于那些需要逐行提示出现的文字；需要逐项显示出现的图表；亦或者那些需要突出表现的要点。

下图幻灯片中的文字标题需要突出表现，我们设置为逐行显示的动画，即凸显此标题的重要性。

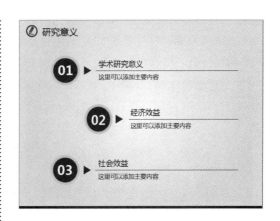

PPT 中经常用到图表，对于逐项显示的图表，我们可以使用动画效果。下图就使用了逐条显示的动画，此时动画恰到好处。

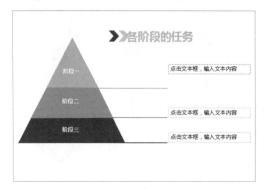

误区二，PPT 制作中不是越花哨越好，不同类型 PPT 有自己风格，像商务型 PPT 就需要严谨，保守的氛围。

下图是一张市民不同的出行方式对比，为了便于做比较，此时就不需要加动画效果，只要把一张幻灯片放上即可。

13.9.3 为文字应用动画技巧

为 PPT 封面中的文字应用动画效果，可以使封面更加生动形象，其具体操作步骤如下。

第1步 选中需要添加动画效果的文字所在的文本框，单击【动画】选项卡中的下拉按钮。

第2步 在弹出的下拉列表中选择【进入】组中的"随机线条"样式。

第3步 此时就可以为文字添加"随机线条"的方式进入页面，在文本框的左上角会显示一个动画标记，其效果图如下。

第4步 单击【动画】选项卡中的【效果选项】按钮，在弹出的下拉列表中选择【水平】选项。

第5步 在【计时】组中选择【开始】下拉列表中的"与上一动画结束"，【持续时间】设置为"00.50"，【延迟】设置为"00.00"。

这样就为文字添加了动画效果。

13.9.4 为图片应用动画技巧

接下来我们来学习对图片添加动画效果。其具体步骤如下。

第1步 选中需要添加动画的图片，单击【动画】选项卡中的下拉按钮。

第2步 在弹出的下拉列表中选择【进入】组中的"旋转"样式。

上述步骤与为文字添加动画效果类似，其效果图如下。

13.9.5 为表格应用动画技巧

第1步 选中需要插入动画的表格，在【动画】选项卡下为表格添加"飞入"动画效果。

第2步 在【动画】选项卡中的右侧单击【效果选项】按钮，在弹出的下拉列表中，可以

为表格选择飞入幻灯片的方向。

13.9.6 为图表应用动画技巧

在 PPT 的设计过程中，还可以为图表应用动画效果。其具体的操作步骤如下。（素材文件 \ch13\13.9.6.pptx）

第1步 选择"新增功能"内容，添加"飞入"动画效果，并设置【效果选项】为"按段落"，为每一段添加动画效果，如图所示。

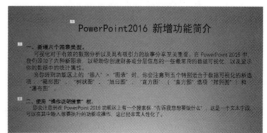

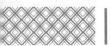

第2步 选中需要插入动画的图表，在【动画】选项卡下【动画】组中为图表添加"轮子"的动画效果，然后单击【效果选项】按钮，在弹出的下拉列表中选择想要的选项。

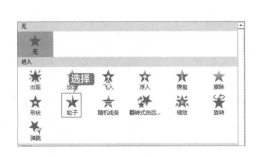

> **提示**
>
> 在添加动画效果的过程当中，一定要注意它们的添加顺序，在图形左上角的数字就表示动画的顺序。

13.9.7 为图示应用动画技巧

第1步 选中需要添加动画的图示，在【动画】选项卡下【动画】组中为图示添加"形状"的动画效果，然后单击【效果选项】按钮，在弹出的下拉列表中选择想要的选项。

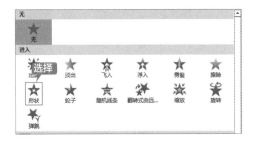

第2步 在【动画】选项卡中的右侧单击【效果选项】按钮，在弹出的下拉列表中，可以为表格选择飞入幻灯片的方向。

第3步 如果图表上的内容比较重要，需要强调的话，可以在【动画】选项卡的【高级动画】的【添加动画】下拉列表中选择"强调"动画，如跷跷板。

第14章

演讲管理之术

本章导读

1. 筹备演讲前，需要哪些准备？
2. 怎样进行排练预演？
3. 演讲前，现场需要准备什么？

思维导图

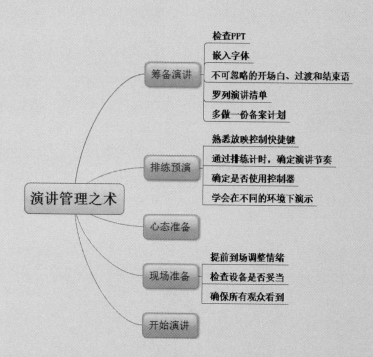

14.1 筹备演讲

充分的准备是克服紧张心理的有效方法。俗话说：台上一分钟，台下十年功。没有准备就是准备失败。所以，在我们进行一次演讲之前，必须要做好充分的准备，包括我们演讲使用的 PPT、PPT 的内容字体、演讲的开场白、过渡和结束语、演讲的内容清单、备案计划等。只有提前充分地筹备演讲，才能有精彩、成功的演讲。

14.1.1 检查 PPT

在我们筹备演讲的过程中，我们自己至少检查一遍 PPT 的内容，删除不会讲到的内容，不然多余的内容只会混淆视听。

（1）PPT 里忌讳有大段文字，如果感觉文字非常有必要，可以尝试用关键词取代。

（2）字体要统一。这里的统一除了指字体的选择、字体的大小，还有一层意思就是标题字体的位置也要统一，不然翻页的时候标题会跳来跳去，显得很不专业。

（3）注意图片质量，如果原始的示意图片清晰度不够，那么放大后就会出现锯齿。

这一点在 PPT 做好后一定要注意，尽量使用高像素的图片。

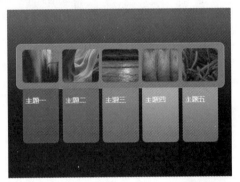

14.1.2 嵌入字体

当我们设计好演讲所需的整个 PPT，包括各个字体的格式和排版，放别人计算机上打开时，所有字体效果都消失了，变成了系统默认的字体，也影响了整个 PPT 的美观，这时我们应该怎么办呢？我们可以提前将字体嵌入 PPT 文件中，那么我们就再也不担心字体丢失啦！

第1步 首先，我们打开做好的 PPT。（这里我们以简单的文字为例）

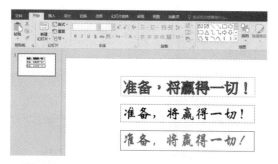

第2步 单击【文件】，进入信息版面。

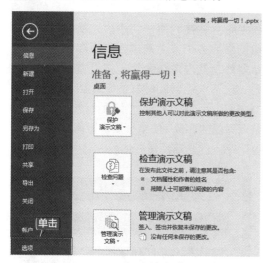

第3步 单击最下面的【选项】，进入【选项】面板。

第4步 在【选项】面板中单击【保存】设置。

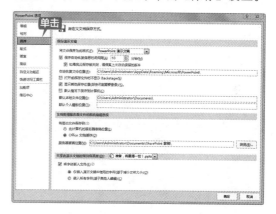

第5步 选中最下方的【将字体嵌入文件 (E)】复选框。

第6步 选择任意一种嵌入模式，单击【确定】按钮完成字体嵌入，保存文件后字体就不会再丢失了。

14.1.3 不可忽略的开场白、过渡和结束语

开场白是指演讲、文艺演出或晚会活动时引入本题的道白，往往简洁、新颖、活泼。开场白是否成功，在很大程度上影响着活动的成败。对开场白的基本要求是简洁而富有吸引力。

（1）故事式。

故事式开场白是通过一个与演讲主题有密切关系的故事或事件作为演讲的开头。这个故事或事件要有人物，有细节。

（2）开宗明义式。

开门见山，用精练的语言交代演讲意图或主题，然后在主体部分展开论证和阐述。这种开场白方式可称为开宗明义式。

（3）幽默式。

幽默式是以幽默、诙谐的语言或事例作为演讲的开场白，它能使听众在轻松愉快之中很快进入演讲接受者的角色。

（4）引用式。

演讲开场白也可以直接引用别人的话语，为展开自己的演讲主题做必要的铺垫和烘托。

（5）悬念式。

悬念能激发听众的好奇心，能促使听众尽快进入演讲者的主题框架。

（6）强力式。

强力或开场白是把要论及的内容加以适度夸张或从常人未曾想象过的角度予以渲染，以引起听众的高度重视。

演讲者在演讲中，为了阐述自己的观点和主张，往往利用一切手段，从正面、反面和侧面等各个方面来进行分析和论证。到了结尾处，就应总结全篇，突出重点，深化主题。这不仅能帮助健忘的听众回忆前面所讲的内容，而且也能画龙点睛，给听众留下完整而深刻的印象，使整个演讲显得结构严谨，首尾呼应，通篇浑然一体。

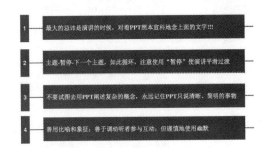

演讲结束语最常用的方式，就是用极其精练的语言，总结收拢全篇的主要内容，概括和强化主题思想。这种结尾，扼要地总结演讲内容，能起到提醒、强调的作用，给听众留下完整的总体印象。除非演讲非常简短，否则建议你在结尾中清晰陈述你的主题和主要思想。

14.1.4 罗列演讲清单

俗话说，"好记性不如烂笔头"。这些话说起来那么的简单，做起来却不简单。没有计划、不列清单就做事，就像苍蝇乱撞，成功的几率就微乎其微。罗列好演讲清单，我们便可以有效地控制演讲的过程，进而完成一次成功的演讲。

罗列演讲清单，这么简单一个步骤，动一动手，就能避免很多的不开心，何乐而不为呢?

14.1.5 多做一份备案计划

在演讲的过程中，你不会知道将会发生什么情况。所以在开始演讲之前，要考虑多种情况，并多制作一份备案计划，这样在特殊情况下可以有更好地应变措施。

14.2 排练预演

要取得一次成功的演讲，排练预演是不可或缺的。排练预演可以克服对发言或演讲的畏惧。即便是一个职业演讲家也会紧张。使发言获得成功的关键是学会如何控制畏惧情绪，进行排练预演。

（1）对你在现场需要用到的设备和视觉效果进行排练。

（2）每次排练时都要预演发言的全过程。

（3）预演时声音要大，如果可能，在朋友或同事面前进行。如果不具备这些条件，则对排练过程进行录音或录像。

（4）预演要进行到使自己的演讲听上去不是在背诵为止。

（5）把精力集中于所要交流的主题和对交流的愿望上，而不要集中于你的笔记上。

14.2.1 熟悉放映控制快捷键

PPT 又称演示文稿，既然是拿来演示给别人看的，那在放映过程中需要暂停讨论或是考察，不能让观众看到演示文稿内容的时候该怎么做呢？直接关掉？显然不合适，那么接下来就介绍 PPT 幻灯片放映过程中将其切换成白屏或者黑屏的快捷键。

1. 一键白屏

在放映某张 PPT 的过程中，如果需要暂停放映，且将屏幕切换为白屏，只需要按下【W】键即可。

此时，屏幕已经切换成了白屏，如果想返回继续放映幻灯片的话也很简单，直接按下【ESC】键或者再按一次【W】键即可。

2. 一键黑屏

在放映 PPT 的过程中，如果需要暂停放映，且将屏幕切换到黑屏，则直接按下【B】键即可。

按下【B】键后，屏幕将切换至黑屏，如果想返回继续放映幻灯片，则按下【ESC】键或者再次按下【B】键即可。

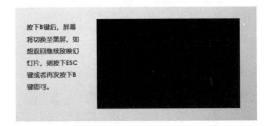

14.2.2 通过排练计时，确定演讲节奏

如果没有充分地准备演讲过程的每个细节，那么我们在面对如此之多的听众时，心理可能并不那么轻松。演讲时间过长，会显得不专业；演讲时间过短，会显得内容贫乏。值得振奋人心的是，PowerPoint 2016 就为我们提供了这么一种练习控制演讲时间的功能，相信它对我们的演讲会非常有帮助。

第1步 单击【幻灯片放映】选项卡中的【排练计时】按钮，即可对完成当前幻灯片页面所需时间进行精确的控制。

第2步 用【排练计时】放映时，左上角会有

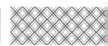

一个【预演】工具栏，中间的时间代表当前幻灯片页面完成所需的时间，右边的时间代表所放映的幻灯片页面的累计完成时间。

第3步 退出放映的时候会有一个是否保留幻灯片放映时间的对话框，如果单击【是】按钮，

新的排练时间将自动变为幻灯片切换时间。

第4步 单击【是】按钮，返回 PowerPoint 幻灯片浏览视图，这里清晰地记录了我们在演讲每张幻灯片时所使用的时间长度。

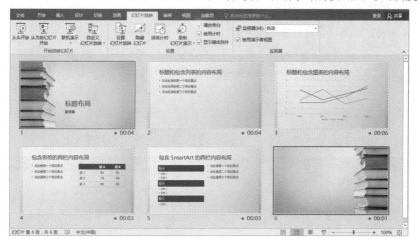

14.2.3 确定是否使用控制器

1. 让幻灯片自动播放

（1）选中要设置的 PPT 中的一张幻灯片。（素材文件 \ch14\14.2.3.pptx）

（2）单击最上面菜单栏里的【切换】选项卡。

（3）调整【切换】选项卡中右边的设置来调整切换的时间和方式。

（4）设置最右边的换片方式。

① 单击鼠标时：放映时单击鼠标会不会切换。

② 设置自动换片时间：这个就是本篇的重点，你设置的时间就是幻灯片播放时切换的时间。

（5）设置好一张幻灯片后想所有的幻灯片都自动播放可以单击【全部应用】按钮。
如果个别的页面有不一样的显示效果可以单独设置，并不影响整体。

让 PPT 的幻灯片自动播放，这样一来就避免了每次都要先打开这个文件才能进行播放所带来的不便和烦琐。

| 提示 |

设置的自动换片时间要长于本页所有动画加在一起的总时间，否则切换时会影响动画效果哦!

2. 使用控制器播放

如果在演讲过程中，需要暂停放映来进行讨论或者考察大家的想法，那么，控制器便是不可缺少的。

（1）可以使用激光笔来控制幻灯片的切换。

（2）如果在演讲过程中需要走动，那不妨使用移动设备（如 iPad、平板电脑、手机等）来控制幻灯片的切换。

14.2.4 学会在不同的环境下演示

根据不同的环境选择合适的演讲语言。当听众比较少时，演讲者可以与听众进行互动演讲，多与听众交流，提高听众的参与度，这样才能激发听众对演讲的兴趣。

当观众比较多的时候，可能不会有太多的口头语言交流，但是演讲者可以通过自己的肢体语言、眼神进行交流，眼睛要注意着观众而不能四处张望。

这样才能吸引听众，激发起听众的兴趣，调动起他们的积极性，使其更多地认同自己的观点、思想，让听众耐心地听自己说下去。

针对不同的演讲选择合适的语言，充分发挥语言艺术，把听众的情绪鼓动起来，刺激听众的兴奋点、吸引其注意力，这是演讲

者所需要认真学习的内容。

14.3 心态准备

绝大多数的演讲者在演讲中都不可避免地或多或少伴有紧张感，古今中外，许多著名的语言大师，如林肯、田中角荣、丘吉尔，他们的第一次演讲都是因紧张而以失败告终的。对此，演讲者应该有一个清醒的认识，明确告诉自己：演讲的紧张心理的产生是必然的。

那么在演讲前，你所需要具备的心态是：要坚信人人都可以成为一个优秀的演讲者。

要坚信你的听众都希望你成功，他们来

听你的演讲就是希望能听到有趣的、有意义的、能刺激和提升他们思想的演讲。

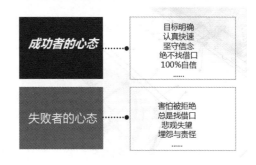

14.4 现场准备

在演讲开始之前，演讲者可以提前到达演讲现场来感受并适应一下演讲现场的氛围，提前调整自己的情绪，然后要提前检查演讲所需的设备是否运行正常，观察自己演讲时所站的位置是否能让所有的观众看得到。做好充足的准备工作，精彩的演讲将不是问题！

14.4.1 提前到场调整情绪

演讲前我们要多做准备，特别是我们要精神上保持一个很放松的情绪，最好的办法是我们可以预先假设可能发生的事，然后想好自己的对策，做到万无一失。

控制紧张的情绪：

头疼头晕：首先要保证上场时肚子不是空的；其次要做深呼吸，进行停顿，放缓语速。

口干舌燥：在做演讲前喝点水；讲话时在伸手可及的地方放一杯水。

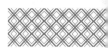

肌肉紧张："热身"，注意哪个部位的肌肉可能紧张，在演示前做伸展运动，把这个部位活动开，伸伸胳膊，充分放松，试着站立进行演讲的同时调动这些肌肉的积极性。

14.4.2 检查设备是否妥当

在调整情绪的同时，还要检查我们演讲时所需设备是否能正常运行。在讲前 30 ~ 60min，要检查所有相关的设备，如计算机、投影仪、扬声器，确保设备正常；如果不正常，自己要有足够的时间去准备。

14.4.3 确保所有观众看到

正常的情况下，一般会允许演讲者提前到演讲现场。这时你可以尝试着站到讲台（舞台）上，环顾现场的四周，调整自己的身体姿态，尽量自然，最主要的是确保观众都能看到你演讲时的肢体语言。这样在演讲的过程中才能更好地与台下的观众互动，从而达到更好的演讲效果。

14.5 开始演讲

演讲时你尽量要做到：

（1）如果讲到一半忘了演讲词，不要紧张，直接跳到下面的题目，很可能根本没有人注意到你的失误。

（2）停顿不是问题，不要总是想发声以填满每一秒钟。最优秀的演讲者会利用间隔的停顿来把他的重点更清晰地表达出来。

（3）如果看听众的眼睛会让你紧张，那就看听众的头顶（听众不会发现的）。

（4）眼睛直视听众，可以随机地更换注视的对象。不要左右乱看，不要往上看，因为这会让你看起来不值得信任。

（5）如果看观众会让你感觉紧张，那么眼睛可以多看那些比较友善的或者常笑的脸。

（6）演讲最好用接近谈话的方式进行，用简单的语句表达清晰的思路，不要太咬文嚼字。

（7）最好适当地使用肢体语言，做些手势，不要太死板。

（8）如果你会发抖，不要拿纸在手上，因为纸会扩大你发抖的程度，而把手握紧成拳头，或扶着讲台。

（9）演讲时千万不要提到自己的紧张，或对自己的表现道歉，那只会让你更失去自信。

（10）如果能在开场白时引起听众的兴趣，整场演讲便会变得容易和顺畅。

在演讲结束的时候，演讲者要重申演讲的主题和最重要的观点，然后向台下的观众表示衷心的感谢。

第**4**篇

移动办公篇

　　本篇主要介绍移动办公；通过本篇的学习，读者可以学习朋友圈经营术、云存储、印象笔记等操作。

第15章

让朋友遍布天下的朋友圈经营术

📖 本章导读

1. 如何通过网络扩大人脉?
2. 朋友需要划分类别吗?
3. 怎样让朋友及时联系到你?
4. 如何快速记住对方的名字?

📣 思维导图

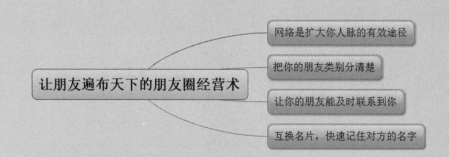

15.1 网络是扩大你人脉的有效途径

从网络诞生之日起,就为人们带来了巨大的便利。在当今的信息时代,信息就是最大的资本,被很多人脉高手利用,成为拓展人脉的根本,让人们足不出户,即可轻轻松松地以虚拟的方式扩充自己的人脉,找到更多的朋友。

那么如何才能在网上搭建属于自己的人脉网络,并把他们充分利用起来,让网络资源为自己服务呢? 下面就介绍几款常用的工具。

1. 简单即时的通信工具

现在大部分的网民都喜欢使用 QQ 或微信等聊天工具,它们最突出的功能就是交流,是必不可少的交际工具,可以为扩大人脉提供极大的便利。

如使用 QQ 的查找功能,在 QQ 主界面中单击【查找】按钮,在【查找】对话框中选择【找群】选项卡,在搜索框中就可以搜索相关的内容。如搜索"金融",就可以找到与金融相关的群,之后就可以加入合适的群中与成百上千的人同时交流,还可以加志同道合者为好友,说不定会起到意想不到的效果。

2. 电子邮件

电子邮件作为一种以电子为载体和手段的信息交换通信方式,可以将问候或重要的信息以一种特殊的存储方式保留下来,方便对方仔细阅读和重温。

可以在固定的时间或者节日给朋友发送问候电子邮件,当然,也可以通过电话直接表达后,再通过电子邮件发送至对方的邮箱,起到有备无患的作用。

3. 论坛、博客等网站平台

网上论坛(也就是常说的 BBS)和博客中也潜藏着各种各样的人脉,他们来自不同的行业,有着截然不同的身份和背景,也就代表着各式各样有着无穷价值的圈子,在这些地方,很容易找到有利于自己的人脉,搜索到对自己极为有利的信息和机会。

比如博客,人们通常喜欢访问和阅读与自己有着相同兴趣的博客文章,如果有所感悟或者见解,就可以以评论的方式与文章作者交流、互动、深入探讨,时间长了,就可以在网络中创建自己的人际圈,达到扩充人脉的作用。

4. 新兴的社交软件

如微信、微博、Facebook 等新兴的社交软件,甚至是大多数人常用的支付宝都提供了"圈子"的功能。

这些社交软件可以利用软件自身的分析,帮助你找到现实生活中断了联系的朋友、同学、同事、亲人,甚至可以根据你的兴趣、爱好,为你推荐志趣相投的人或者群组,通过圈子可以分享从互联网上搜罗的有趣的事件或讨论感兴趣的话题。然后添加对方为好友,就能够通过网络不断地扩充自己的人脉资源。

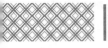

15.2 把你的朋友类别分清楚

　　人生一世，不可能没有朋友，也不可能不交朋友，交结朋友是人生不可缺少的事情。然而，在当今的人际关系中，朋友的称谓已变得纷繁复杂了，因此，对朋友有必要分清类别，择善而交之。交友不可不慎，择友须分类别。

1. 在通讯录中将朋友分类

2. 微信分组

3. QQ 分组

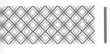

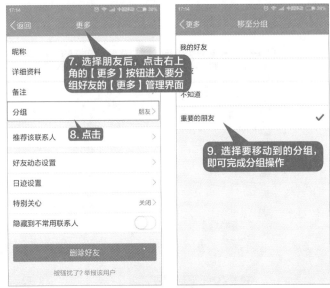

15.3 让你的朋友能及时联系到你

在与朋友的相处之中，要想获得更好的人脉，就需要让你的朋友能及时联系到你。

（1）认识自己，清楚自身的优势，并不断提升自己的价值，提高自身的知识、业务、做事和沟通能力，在与朋友的交际过程中，成为引人注目的闪光点，使自己成为朋友眼中有用并且有价值的人。

（2）永远不要怕吃亏，一个愿意吃亏的人，在别人眼中往往会被贴上实在、可交、宽容、仗义等积极健康的标签，会得到更多人的认同，人们愿意与这类人相处，自然愿意联系你。

（3）做到细心，了解对方的心理及需求，知道对方的目的、欲望和弱项，然后投其所好，提供给对方帮助，才能赢得朋友的尊重。

（4）增强沟通能力和亲和力，让朋友在有需求时愿意与你沟通，并及时与你联系。

（5）抓住每一个帮助别人的机会，付出才有回报。

（6）将自己的联系方式，如电话号码、QQ、微信、邮箱等常用的社交号码，甚至是其他一些具有社交能力的软件告知朋友，方便朋友能及时与你联系。

通过以上的方式可以让朋友记得你，在需要帮助的时候能想到你，但是，在社交软件中如何才能让朋友及时联系到你？

默认情况下，社交软件通常是按照 A、B……Z 的方式显示联系人，如果是汉字，将会按照拼音首字母 A、B……Z 的方式排列，因此，可以在自己姓名前加"A"，这样就可以将自己显示在朋友通讯录的最前面，就能让朋友及时联系到你。

15.4 互换名片，快速记住对方的名字

名片是人脉中非常重要的信息载体，在不同的场合会收到很多的名片，也会发放出去很多自己的名片。不同的交际场合，也是一个个不同的人脉圈。如果收到的名片太多，整理起来将会费时费力，但绝不能因此而轻视它，否则就可能因小失大，耽误大事。所以，要养成整理名片的好习惯。管理得当，名片将会是一张张价值巨大的金字招牌，给自己带来广泛的人脉资源。

名片全能王是一款基于智能手机的名片识别软件，它能利用手机自带相机拍摄名片图像，快速扫描并读取名片图像上的所有联系信息，如姓名、职位、电话、传真、公司地址、公司名称等，并自动存储到电话本与名片中心。这样，就可以在互换名片后，快速记对方的名字。

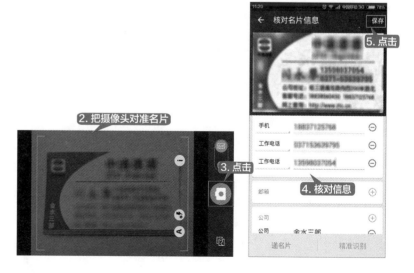

（1）拍摄名片时，如果是其他语言名片，需要设置正确的识别语言（可以在【通用】界面设置识别语言）。

（2）保证光线充足，名片上不要有阴影和反光。

（3）在对焦后进行拍摄，尽量避免抖动。

（4）如果无法拍摄清晰的名片图片，可以使用系统相机拍摄识别。

第16章

保护你的文件永不丢失
——云存储

📇 本章导读

1. 如何让计算机中的重要文件自动备份到云存储设备？
2. 上传、下载、分享文件的方法，你知道吗？
3. 手机能和计算机同步查看云存储设备中的文件吗？

✈ 思维导图

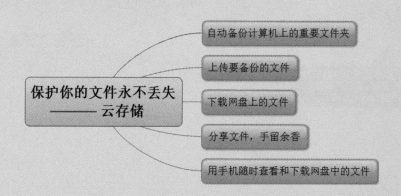

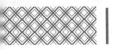
16.1 自动备份计算机上的重要文件夹

使用云存储工具时，可以将计算机中的重要文件夹与云存储关联，这样，在计算机中与云存储关联的文件夹更新后，将会自动备份到云存储软件中。本节就以百度网盘为例介绍。

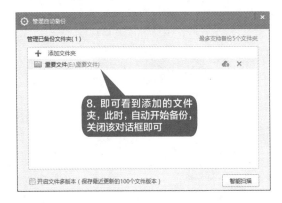

16.2 上传要备份的文件

使用百度网盘，可以快速将计算机中要备份的文件上传至百度网盘中。上传文件后，将会显示上传进度。

1. 直接拖曳上传

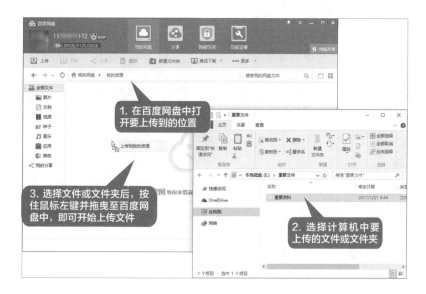

2. 通过对话框上传

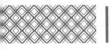
16.3 下载网盘上的文件

百度网盘中他人分享的文件或者是个人网盘中的文件，都可以直接下载到本地计算机中使用。

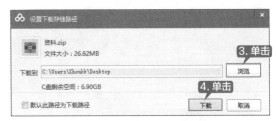

16.4 分享文件，手留余香

可以将百度网盘中的文件或文件夹以公开分享、私密分享或者发给好友的方式进行共享。共享文件时，将会生成分享链接，只需要把生成的链接通过邮箱、QQ、微信等方式发送给好友，好友即可通过百度网盘查看或下载共享文件。

1. 创建公开分享

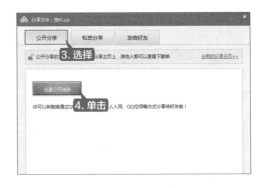

2. 创建私密分享

3. 发给好友

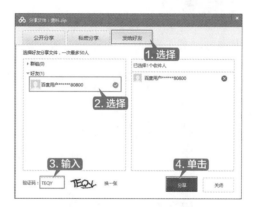

16.5 用手机随时查看和下载网盘中的文件

百度网盘除了有计算机客户端外，还提供了支持手机版本的 APP，两者使用同一账号登录，可以相互同步百度网盘中的文件，实现计算机和手机文件的传输。

1. 使用手机查看网盘中的文件

2. 在手机中下载文件

3. 上传手机中的文件至百度网盘

第17章

记录工作全程的利器——印象笔记

📖 本章导读

1. 如何将纸质的资料保存到计算机中？

2. 工作比较烦琐，手记清单不仅速度慢，还很乱，怎么办？

3. 会议内容，我记不住，怎么整理会议笔记？

4. 使用印象笔记，怎样与团队协作？

✈ 思维导图

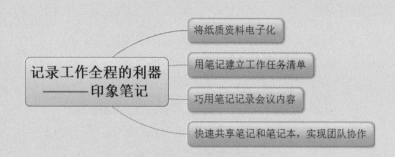

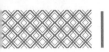
17.1 将纸质资料电子化

纸和笔更容易让人专注，进行深入的思考，但纸质资料的存储过于占用空间，而且不利于查找。因此，就需要将纸质资料电子化。简单来说，纸质资料电子化就是通过拍照、扫描、录入或 OCR 识别的方式将纸质资料转换成图片或文字等电子资料进行存储的过程。这样更有利于携带和查询。

将纸质资料电子化常用的工具及方法有以下几类。

1. 相机

对于较少的纸质资料，可以使用相机或手机摄像功能将纸质资料进行拍照，然后以照片的形式将资料保存。

2. 扫描仪

如果纸质资料较多，就可以选择使用高速扫描仪对资料扫描，通过扫描仪将纸质资料以 PDF 或图片的形式保存下来。

3. OCR 识别软件

如果希望纸质资料能以可编辑文字的形式保存，就要使用专业的 OCR 文字识别软件对纸质资料进行识别保存。下图所示即为一款 ORC 识别软件。

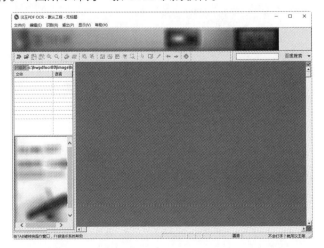

4. 手动录入

如果要保存的资料文字较少，可以直接用手动录入的方法进行保存。

5. 使用印象笔记 APP

除了借助专业的工具外，还可以使用一些 APP 将纸质资料电子化，如印象笔记 APP。可以使用其扫描摄像头对文档进行拍照并进行专业的处理，处理后的拍照效果更加清晰。

（1）使用印象笔记将纸质资料电子化。

使用印象笔记将纸质资料电子化后，就可以将这些信息保存在计算机、印象笔记或者网盘中。

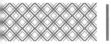

（2）搜索笔记。

可以创建多个笔记本，将纸质资料电子化之后，以不同的笔记名称保存在相应的笔记本下。如果创建的笔记较多，就可以通过印象笔记实现专业级的查询。

17.2 用笔记建立工作任务清单

使用印象笔记，可以根据简单任务和复杂任务创建不同的笔记本来管理工作任务清单。

1. 普通任务

对于普通的任务，可以建立一个"当前工作任务"的笔记本，用来管理当前的任务，只要

任务一开始，或者在执行当前任务的过程中临时有其他任务，都可以在该笔记本中新建一个以任务名称命名的笔记，同时可以使用序号和日期作为开头，方便根据顺序显示笔记。

　　不同的任务持续时间不同，并且任务数量较多时，可以为任务添加提醒；如果是已完成项目，还可以将其设置为"已完成"。

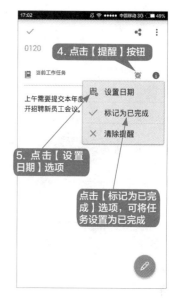

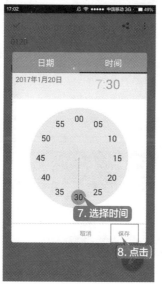

2. 复杂任务

　　如果是较为复杂的任务，涉及的任务清单会比较多，可以单独创建一个"复杂工作任务"的笔记本组，或者创建笔记本后将其移动至笔记本组中，分别用来保存不同的资料。

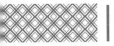

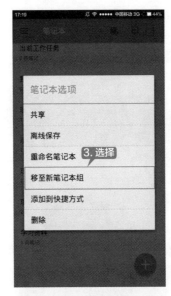

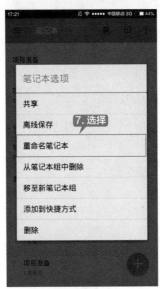

17.3 巧用笔记记录会议内容

开会是工作中必不可少的部分，但会议过后，却会忘记某条建议是由谁提出的，或者忘记了一些领导的重要讲话，甚至连座次都记不清楚了，那么，如何才能高效、省时省力地记录会议内容呢？

下面就来介绍使用印象笔记记录会议内容的几个诀窍，让你用最快的速度轻松记录会议内容。

1. 手写记录

使用手机记录可以记录与会者的姓名，特别适合于双方会谈类的会议，可以简单地绘制会

议室的座位（为了节约时间，可以在确定会议室并在会议开始前提前绘制），然后将与会者的名字在下方记录下来。甚至可以用线条的粗细和不同的颜色区分与会者。

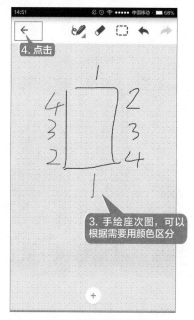

2. 拍照记录

印象笔记拍照时提供了自动模式和手动模式拍照方法；自动模式可以自动识别并拍照，手动模式可根据需要手动拍照。使用拍照记录，可以将会议中重要的内容拍成照片保存在笔记中，便于之后整理会议内容，特别是在使用 PPT 的会议中。

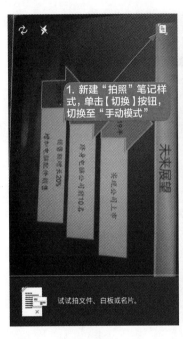
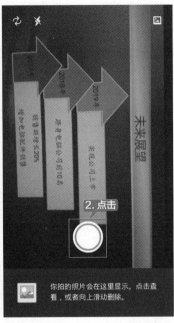

3. 录音记录

如果在会议记录时有重要讲话内容，而又担心记不完整，就可以使用印象笔记的录音功能，创建录音笔记，这样就能将重要讲话一字不落地记录下来。

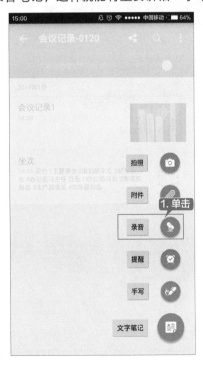

17.4 快速共享笔记和笔记本，实现团队协作

创建工作笔记后，可以将笔记分享给其他同事，不仅能够与同事分享工作中的经验，还可以实现团队协作，提高工作效率。在印象笔记中不仅可以共享单个笔记内容，还可以共享整个笔记本。

1. 在计算机端的共享

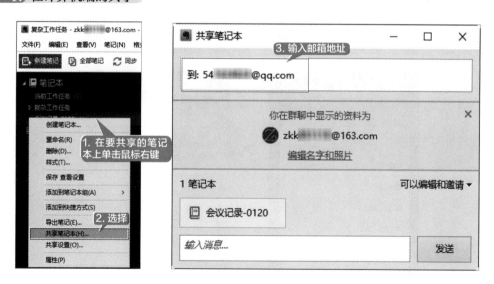

| 提示 |

共享笔记本和笔记的操作方法类似，这里就不再赘述了。

2. 手机端的共享

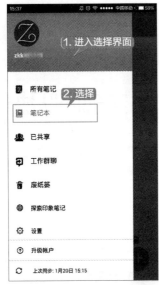

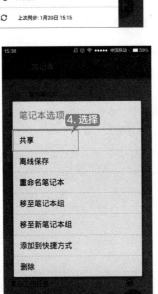

第**5**篇

职场篇

　　本篇主要介绍职场；通过本篇的学习，读者可以学习职场新人修炼秘籍、如何在职场快速成长及巧用"职场工具箱"，工作"通关"So Easy 等。

第18章

职场新人修炼秘籍

📖 本章导读

1. 新人入职，第一天要准备什么?
2. 怎样快速适应新环境?
3. 如何与同事、领导相处?

📧 思维导图

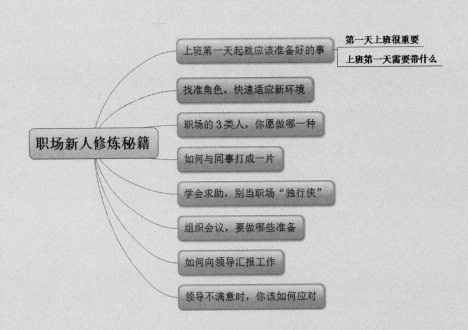

18.1 上班第一天起就应该准备好的事

终于要上班了！这是职场的开端，而这个开端对于职场新人来说自然至关重要，相信你也是激动万分，那就保持这样一个好心情，面对第一天吧！

18.1.1 第一天上班很重要

职场小白们抱着期待又不安的心情踏出职涯的第一步，既想着大展身手又怕表现不好，从来没有上过班，做过事，上班的第一天到底该如何准备，该如何处理进入新公司？

工作第一天就被开除！！

今天就被遇到了！小张是个程序员，今天是他作为程序员第一天上班。

晚上十点左右接到领导电话：小张啊，你的速度太慢了，我们还是想招个熟练的！

小张惊呆了！明明应聘时简历上写着工作经验为零，既然你们想招个熟练的为什么还让来面试，还来上了一天班，是在搞笑么？

小张是个认死理的人，非要搞清楚真正开除他的原因是什么。他冥思苦想，终于找到了一个看似合理的理由。

下班时领导对小张说：今天就到这吧。然后半小时后，小张就下班走了。

静下来想想的时候，就觉得应该是因为没加班的缘故。毕竟早晨去报到时，办公室有人在那睡觉呢，而且是昨晚没走，通宵加班的那种。听同事说加班加了好几个月，已经习惯了，现在月底更忙。

那么上班第一天到底要不要加班？其实这个问题没有必要纠结，公司里偶尔加班也是可以理解的，哪个公司没加过班呢？

小王是几个月前刚跳槽到一家私营企业工作的。上班的第一天也遇到了和小张类似的情况。

小王发现虽然公司规定是下午 5:30 下班，可是部门同事没一个准时下班的，特别是部门的主管，到了下班时间还不停地忙碌，没有一点要按时下班的迹象。这一发现让身为新人的小王也倍感压力，不敢成为第一个下班的"积极分子"，因此，他一直苦苦等到晚上 7 点多，主管下班了才敢离开。

工作了一段时间，小王才知道，他所在的部门主管是一名工作狂，经常会在下班后"无限"地延长他的工作时间。那么大家为了能在主管面前有个良好的表现，即便已经完成了当天的工作，也不敢按时下班，毕竟谁都不想留下一个"不够努力"的名声。

可见同事加班，惹得自己都不敢轻易下班的现象在职场上是很常见的事。尤其是对于不明真相的新人而言，更不敢在上班第一天"轻举妄动"。

然而那些因为其他同事不下班导致自己也不敢下班的做法是职场人不成熟的表现，其实只要保证工作质量，其余的"假勤奋"的做法都是多余的。

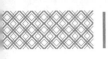

1. 入职第一天赢得好感

如何在入职的第一天赢得好感。第一天上班最好是不要迟到，如果家离公司比较远，就尽量早出门，把堵车等可能影响出行的情况考虑在内。

假如你真的很重视你的工作，就应该把各种情况都考虑到，早早的出门，避免各种意外。而不是迟到后才气喘吁吁地奔跑，并不停地道歉。站在公司的角度上，你的领导才不管你是因为什么原因迟到，只会想如果连自己认为重要的事情都可以迟到，又怎么能让人放心地把工作交给你呢？

在工作中，对于自己犯下的一些错误，我们总是用一些看似很充分的理由来解释。其实不然，这种自我狡辩的心理是还不够成熟的表现，是我们做出的努力还不够。

2. 安排你的空间

你可以在办公桌上摆一些相框，或者是在墙上挂一些画，调节一下工作氛围，但是请不要过度。要记住，你的新工作区域是属于公司的。

3. 成功的穿着

当然，上班的第一天谁都会想要打扮的很成功。特别是女生，会希望自己美美哒，给新同事一个惊艳的感觉。但千万不要过了头，把握住度，让自己看起来突出又适当才是对的。在很难抉择到底怎么搭配衣服时，要保证一个原则——舒服。通常，要穿你觉得舒服的衣服，特别是鞋子。没有比穿着新的高跟鞋或者是僵硬的鞋子走路蹒跚更糟糕的事情了。

18.1.2 上班第一天需要带什么

第一天上班其实来说应该是最轻松的了。初入公司的你第一天应该不会被安排什么很难的工作，正规的公司，一般是让你学习公司的纪律、企业文化，另外介绍你和同事认识。至于具体会做哪些事，届时会有人直接给你指导，在上班的前一天不用太过焦虑。

1. 和同事友好相处的必杀技

第一天上班最重要的是保持愉快的心情，面带笑容，记得遇见每一位同事都要亲切地跟他们招呼，并简单地介绍一下自己。你的热情和微笑会让大家觉得你很有亲和力。在第一次打招呼的时候给别人留下很好的第一印象，这对以后和同事的友好相处是很有帮助的。

从小到大，勤俭节约、艰苦朴素的教育理念充斥着我们的思想。从广义来说没错，但是具体实行起来，也并非全然妥当。穿衣打扮，虽然是表面的事情，不过古语有云："女为悦己者容"，道尽了表面功夫的内涵，并不全是表面的形式主义。

因此，上班第一天的穿着也是非常重要的。尽量选择一套适合自己的肤色、身高、体形，当然也要适合自己工作职位的服饰。俗话说"人靠衣裳马靠鞍"，衣服穿得好看了，自己也会看起来很有自信。

对于女生来说，打扮还有更广阔的发展空间。例如化妆，但不要化一副太过张扬的妆容。因为是第一天，穿着简单舒适为主，画个淡妆，涂点 BB 霜，画个眉毛，就 OK 了。若是你平时从来不习惯化妆的话，建议还是不要化了，整个人的装扮看上去干净简单就可以了，不然同事看着也有压力。

你千万不要以不修边幅为美，特立独行。客观地说，穿衣打扮对人的信心有一定的影响，毕竟人性如此，以貌取人的情况是无法杜绝的。

2. 给上司留下好印象才是最重要的

在上班的第一天里就能给上司留下好的印象，是很多职场新人梦寐以求的事情。在你的包包里放上一支笔和一个小本本，最好还有一个文件夹，以方便记和存放一些东西。在第一天上班时，你所在部门的负责人会告诉你一些你所在岗位的工作职责、要求还有注意事项。对于这些细节性的东西，好记性不如烂笔头。你用带的这些东西自觉地做好记录，会让你的上司觉得你这个人很细心，对你的第一印象大大加分。

你所带的每一样，都会对你日后的工作带来好处。其实，套路也不乏有趣。

18.2 找准角色，快速适应新环境

找准角色，也就是角色定位，说起来容易做起来难。职场人最怕的就是不能正确地认识自己。作为一个职业人，最重要的就是要找准自己的角色定位。只有这样，才能快速地适应新环境。

学生刚进入社会或者一个新手新进入一家企业的时候，经常会犯"定位过高"的错误。

初出茅庐，这些人往往是对自我评估过高，经常认为自己什么都会做，不懂得虚心学习，以至于眼高手低。

小杰刚从学校毕业的时候，认为自己学习的是"酒店管理"专业，而且参加实习的那家四星级酒店是自己帮同学联系的，在学校又是学生干部，于是要求酒店的人力资源部的经理怎么

也得给个"领班"的职位。小杰那个时候的想法就是自己应该进"管理层"，领班则是自己的最低选择了。

然而，一个没有工作经验的新人，又如何能胜任领班呢？何况，酒店人力资源部怎么会安排一个什么都不懂的新人去指挥老员工？于是，缘于对自己的定位太高，小杰与该酒店无缘。

职场上，无论你是否真的有能力胜任这份工作，都不要心高气傲，要学会用自己的实际行动来证明自己，在实践中提升自己。低调行事，为自己胜任新的角色寻求时差。

刚开始来到一个新环境的时候，人生地不熟，仿佛一切都与自己格格不入。不过用不了多久，我们便会对许多事都习以为常。一个聪明的人，首先会想办法去适应所处的环境，而不是企图改变环境和他人。

在还没有发明鞋子以前，古时候的人们都是光着脚走路，很无奈地忍受着脚被扎被磨的痛苦。

有个国家的大臣为了取悦国王，就把国王所有能频繁走过的地方铺上了牛皮，国王走在柔软的牛皮上，感觉双脚舒服极了。

国王很是喜欢，为了让自己走到哪里都可以感到舒服，便下令，要把全国各地的路都铺上牛皮。大臣们都郁闷了，就算把所有的牛都杀了也不可能把所有的路铺完。

正当大家都一筹莫展的时候，有位非常聪明的大臣建议说：大王可以试着用牛皮将脚包起来，然后再用绳子固定住，这样脚就不会再被路折磨了。

国王听了，觉得可行，便收回了命令。于是，鞋子就这样发明了出来。

在生活中，许多时候，我们就应该像那位聪明的大臣一样，通过改变自己来适应环境。职场上，我们常常感到周围环境不尽如人意，不少人整天抱怨生活，牢骚满腹，怨天尤人。其实，不要那么幽怨，静下心来想一想，就会发现，即使是皇帝，都没有能力让周围的环境如他所愿。反而，我们可以通过改变自己来适应环境。

路还是原来的路，环境还是原来的环境，若我们的选择变了，那么路和环境所回馈我们的感觉就会不一样。

18.3 职场的 3 类人，你愿做哪一种

职场中大致有这样 3 类人：其一，贪图享受，不思进取，根本发现不了工作中的问题；其二，上蹿下跳，搬弄是非，分帮结派，搅得人心惶惶，无法专注工作；其三，有团队精神，善于交流，

不屈不挠，智慧和野心并存，爆发力持久。这 3 类人在职场当中并存着，你愿做哪一种？

在内蒙古，人们当狼像神一般的存在，并有《狼腾图》一书赞扬了草原上不羁的狼族。其实，狼的身上有着很多值得人们学习的优点。

建议职场上的你，在工作中必须具备一点狼性，狼具备的优点是我们在工作中必不可少的。

职场如江湖，要做那类"既琢磨人，又研究事"的人。

我有个朋友，是一个非常勤奋的人，她的勤奋让我佩服到五体投地都嫌不够给力。

怎么形容她的勤奋呢？电影《大腕》热播时，职场人根据其中一段互相调侃，"你说什么是优秀员工，整天加班到凌晨的就是，你要是十二点就下班呀，你都不好意思跟人家打招呼"。她就是勤奋到所有人都不好意思给她打招呼。

尽管这么努力，她的职场也还是那么的不尽如人意。经常听她抱怨说："觉得这个世界很不公平，为什么我这么认真努力却总是得不到领导的认可，付出永远得不到相应的回报。然而，更气人的是，那种不做实事，每天只会溜须拍马的人反而得到升职加薪"。

能在职场上叱咤风云的人，定然是既有能力又会左右逢源的人。会琢磨事，又会研究人，这样的人既有一定解决问题的能力，又深得领导人心。也许能力不是最强的，但一样会得到重用，肯定在公司大有前途。

在职场中，像我朋友这样肯吃苦耐劳，事情又做得很漂亮的人其实有很多。不过呢，这类人通常会因为自己有能力，而不去关注领导的感受，因而得不到重用。

18.4 如何与同事打成一片

作为职场新人，步入新的工作岗位，都希望能够快速地融入新环境当中，和同事融洽相处，团结互助。其实，不必过于担心，在如何与同事打成一片这一人际关系上，还是有规可循的。

对于职场来说，办公室政治是难以避免的。正所谓，有人的地方就有江湖。办公室里的人际相处，可能没有你想象的那么复杂，也可能比想象中要复杂得多。我们每天都要和一帮同事朝夕相处，如果处理不好同事之间的关系，那么就会影响我们一天的心情和工作。

别人混迹职场风生水起，为何你却如履薄冰？

待人要真诚。也许听到这句话，你会想抱怨"我对别人已经够真诚了，也没有看到别人对我多真诚"。其实，不要太在乎别人会怎么做，在乎的越多，做人办事就会觉得束手束脚。你不能拿自己的要求去对别人的做法指手画脚，就像你对别人好，但别人不一定非得对你好，付出与回报是可以不成比例的。

只要记住一条：自己问心无愧就好。况且，俗话说得好，"路遥知马力，日久见人心"，时间长了，同事在对你做评价的第一想法就是：他很真诚，让他办事可以放心。

做个好人，但不要做老好人！

职场上，很多人都以为，就像后宫争斗一样，要有很强的心计，做事圆滑，八面玲珑才能混得风生水起。

其实不然，这是典型的电视剧看多了，形成了对职场片面和错误的见解。

不要以为只有你最聪明，这个社会，谁都不是傻子。你待人做事是诚心诚意的，还是说只是在做表面功夫，你的同事都门儿清，只是，所有人都很有默契地看你自导自演，不愿戳破罢了。

想要处理好自己的职场关系，最简单的做法就是成为一个"真正意义上的好人"，而不是表里不一。

你选择真心帮助别人，不在背后搞些小动作，同事肯定都会感受到。时间久了，自然就会和大家相处得很好，试问有谁会不愿意选择一个好人做自己的同事呢？

凡事呢，都讲究一个度。做好人可以，但不要把自己做成一个老好人。都知道，太容易得到的东西往往让你不珍惜。对于同事的求助，你若来者不拒，有求必应，反而让你自己的好心变得廉价。无非两种结果，一做好了，不过没人感激你，会觉得是应该的；二没做好，反而会落下埋怨。

在职场上，人心就是很现实的。该帮的忙，就倾尽全力去帮；不是自己分内、对自己没有帮助的事情，就要学会拒绝。不是自己的责任，就不要去承担。

讨厌他，就包容他！

生活中，我们当然都会倾向那些和自己合拍的人做朋友，在职场上也是一样。不过，职场不是生活，可以随心所欲的过。我们没有办法根据自己的喜好去挑选同事，我们难免会和自己不喜欢的人共同处事。

遇到这种情况，大多数人都会感到很郁闷，无奈改变不了，只能硬着头皮相处下去，每天带着负面情绪去面对讨厌的人，时间久了，你们之间的关系将越来越差，甚至影响你在职场上的发展。

如果无法改变现状，不如学着去接受。

我们个人的喜恶只能代表自己的想法，换个角度去看，也许会发现其实他也没有那么的讨厌，他也有他的优点。

其实，职场也没有传说中的那么可怕，不要宫斗剧看多了就觉得生活中充满了阴谋。人与人之间应该多点信任。

18.5 学会求助，别当职场"独行侠"

你在办公室中，是否遇到过这样的情况：当同事聚在一起谈天说地时，你被尴尬地晾在一旁，无话可说；下班了，同事都三两相约去吃饭，却没有人会喊你一声；部门商量业余聚餐，更没有人会通知你。

不用觉得莫名其妙了，背后肯定还会有人议论你自命清高、不好相处，等等。或许，你并没刻意地选择与大家疏远，然而，你确实成为了传说中职场上的"独行侠"。

目前，职场斗争日益激烈，情况愈加复杂。工作上讲究的是团队合作，团队中又会衍生出各种各样的小团体，这是任性使然。

毋庸置疑的是，假如你被挤出了小团体之外，贴上"独行侠"标签的你绝对不会好过。其实，被孤立的原因无非两种，一种是工作能力太强了，会招人嫉妒；另一种就是你与别人产生摩擦，被当作了针对对象。不过，多数原因都会是第一种，因为大家都是来职场工作的，作为成年人，不会那么幼稚地整体煽动所有人都去针对你。

学会求助别人，不做办公室的"孤儿"。

不要他人的帮助，是许多人的固定思维模式。会从内心里认为这样做会让自己显得软弱。总是把自己逼成超人，总是认为寻求他人帮助会遭到拒绝。

不管是处于哪种心理，有需要或困难的时候，我们就要学会求助。

改变对寻求帮助的看法，不要总觉得是因为自己的软弱和无能力。不要纠结于你无法做某件事，没有时间做，或者不是你的强项等这些小问题上。

从另一个方面想，你肯开口寻求帮助的同时，也给自己争取了一次与同事交流的机会。与同事有交流和往来，又怎么会成为"独行侠"？

一个人的出现，让一群人都不说话了。

在学《荷塘月色》的时候，朱自清说："热闹是他们的，我什么也没有"。若不幸被孤立，如果你觉得你是一只孤独的老虎，认为强大的动物总是独来独往，而只有绵羊之类的动物才群居的话，那么可以考虑保持你的勇气，安静地做个"独行侠"。

如若不是，那么你就要沉得住气。对于恶意攻击冷落你的人，不要急着反驳回去，学会控制自己的情绪，与他们只谈规则，不谈想法。

尽管会被同时孤立，但与领导一定要保持常有的联系。要积极主动地去向领导汇报自己的工作，让领导明白你的工作内容和能力。

很多的职场新人都面临着 "角色"的转变，一些新人刚开始可能会觉得无所适从，难以适应新身份，有可能会渐渐变得孤僻，只活在自己的世界里。

职场推崇的是团体合作，因此，"独行侠"显然是不受欢迎的。用心处理好和同事之间的关系，不做"独行侠"，全身心融入到团队中去。

18.6 组织会议，要做哪些准备

开会可以说是职场沟通最直接有效的方式。在工作上有什么问题和想法，都可以通过开会的方式来沟通。

试想，你在公司已经开过大大小小的那么多会议，如果让你组织一场会议，你能做好么？

会前通知很重要！做好会前通知，确保开会的每一位人员都能到场！

大家的时间安排不尽相同，若是没有做好会前通知，需要参加会议的人没有时间做好时间安排，那么就会导致会议不能照常举行。

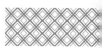

若是已经做好会前通知，还是有人不按时到场参加会议。

这种情况应该少见，不过也不是没有发生的可能。为了防止这种情况的发生：可以选择在会前一个小时再次通知，提醒大家按时到场，不要迟到。

有特殊情况不能按时参加会议的，要问清楚原因和状况，并向领导汇报。这样妥当做好，就不怕领导会责怪不办事不利了。

1. 会议场地提前预定

在确定了参会人数之后，就可以根据参会的人数来确定会议场地了。对于大公司，会议场地都是开放式的，因此要提前预定适合此次会议的会议室，以免与其他会议冲突。

如果是秘密的会议，就需要特别地选择地点了。不仅考虑会议室的占用问题，更要考虑会议的机密性。

会议场地确定后，要通知所有开会人员，也可以通知其他部门的人员，这样还可以防止会议室的冲突使用情况。

2. 关键时刻不要掉链子——确保设备的完好

领导开会时，遇到投影仪接不上，话筒没电了……状况连连。

要避免遇到这类为自己减分的麻烦，那么就要在会议之前做好设备的检查。最好列一个物品清单，这样便于检查记录。

设备	检查任务	检查结果
座位数量	确保参会人员每人都有座位	
电脑	检查是否能正常使用	
网络	记住无线密码，保证网络畅通	
话筒	保证音质良好，电量充足	
笔和笔记本	准备一些笔和笔记本，备用	
会议资料	需打印的资料，人手一份	

一次会议的成败，很大程度上取决于这次会议的筹备情况。组织一场完美的会议，可以全面体现出一个人的策划力、沟通力、工作能力和思考力等诸多技能。

不要认为会议前被擦干净的桌子与摆放整齐的椅子这些小事微不足道，每个人都会看在眼里。

或许成功地准备好一场会议，就是你崭露头角的一次机会。

18.7 如何向领导汇报工作

在职场上，如何向领导汇报工作也是一门高深莫测的学问。

很多职场人都是因为不会正确地汇报工作，因此得不到领导的赏识。

在领导面前，一个人说话恰当，领导就会欣赏。所以，与领导沟通的时候，一定要掌握说话的方式。

汇报工作也是一样。如果你不会汇报，哪怕工作完成的很漂亮，也无济于事。

在成败由你的上司决定的职场规则下，汇报的技巧成了一个很玄妙的职场哲学。

职场工作汇报技巧如下。

1. 言简意赅

向领导汇报工作时，不要长篇大论的，要用最简洁的语言把你想要汇报的内容概括出来。先不说领导有没有时间听你长篇大论，就算领导有时间，你的长篇大论也只会让领导觉得你抓不住重点。

2. 注重结果不注重过程

领导通常是只注重事情的结果。因为领导根本没有时间，也不想听到很多啰嗦的没有意义的废话，交给你办的事他比较重视成绩和结果。

如果你把工作完成，结果领导很满意，那么工作过程就可以免去向领导汇报了。

如果结果不尽如人意，那么可以采用条理分明的陈述过程，这样也可以让领导知道问题出在哪，以便给你做出明确的指导。

3. 要做到有据可依

汇报之前，要整理好依据。事实胜于雄辩，在汇报的时候，汇报内容要有据可依。合情合理的内容加上事实依据，会成为让领导信服的基础。

4. 注意汇报的时间

心理学研究表明：人的一周都是有规律性的。周一到周五，工作的节律会有所不同。一般来说，一周的前 3 天，人的精力充沛，心态和行动都是比较积极的；而到了周四和周五，人的精力开始下降，变得更通融随性。

把握好领导的心态，不要有问题就随意找领导，在领导心情不好的情况下，你的问题非但得不到解决，而且你的任性会导致领导对你的印象一次次恶化。

在经过了前 3 天高效率的工作、高强度的加班后，周四的时候领导和你一样已经身心疲倦，星期四便成为了效率最低下的一天。

职场上称星期四为"黎明前的黑暗",这个时候,人的通融性比较高,处于最好说话的状态。所以,不妨在这个时候选择向领导汇报工作,或许领导会较容易向你妥协。

18.8 领导不满意时,你该如何应对

工作中我们难免会出现失误,可能没有把领导交付我们的工作做好,导致领导对我们浮现出不满的情绪。

对于领导的不满和批评,重要的是自己要调整心态。要以虚心接受批评,以后努力改进的心态去面对。

在工作上,做到以下几点,就不用再担心老板会对你不满意了。

1. 有主心骨

工作上,要做一个有主见的人。做一个勇于开拓创新的人,才是有创造潜能的人。

有主心骨、有想法的人往往能为公司创造更高的价值。

2. 承认领导的评价

领导不好的评价,对于下属来说不是能愉快接受的事。无论你是否赞同领导的评价,你都要做出一副认真听取的样子,并且承认领导的评价都是正确的。

无论领导怎么批评你,千万不要试图辩解或者把责任推给别人,那样会让领导对你的印象更加糟糕。

最好的做法就是,在听完领导的教诲之后,如果觉得领导说的确实有理,就记住自己的错误点,告诉领导会把问题改正。如若充分理解了领导的意思之后,还是认为领导的评价有失公允,那么可以要求与领导进行进一步的探讨。

3. 充分地尊重领导

要知道一个真理，领导的时间永远比你的时间更宝贵，当他交给你一项特殊的任务时，就不要去浪费时间。记住，无论你在做什么，都要先放下手头的工作，因为领导的活最重要。

4. 任劳任怨

从此你的字典里将没有"这不是分内的工作"这句话。

当领导让你接管另一份工作的时候，不论你有多忙，都要欣然接受，也许这就是一个你好好表现的机会。也有可能这是领导对你的一个小小的考验，看看你是否能够承担更多的责任。

5. 不埋怨工作

很多时候，工作成了痛苦的来源。一天 24 个小时，除去晚上休息的 8 个小时，我们还剩下 16 个小时是清醒的。然而在这 16 个小时的时间里，我们有 60 % 的时间都在工作。工作是否顺心如意，决定了整个生活的质量。

要想对自己好点，对留在异乡打拼的自己好点，就要让自己活在一个感觉不到痛苦的工作中。那么，你如何对待生活，生活就会如何回报你。

对于工作上出现的问题要以安静从容、强大的心态去面对，不要怨天尤人，埋怨生活。一个人拥有独立且健康的心态，才是品质生活的基础。

第 19 章
如何在职场快速成长

📖 本章导读

1. 感觉整天很忙，有做不完的工作，可你真得到老板的赏识了吗?
2. 我恨拖延症，但办事总拖拉，怎么办?
3. 如何维系自己的朋友圈，提升自己的高度?
4. 职场生存的必备技能有哪些?

✈ 思维导图

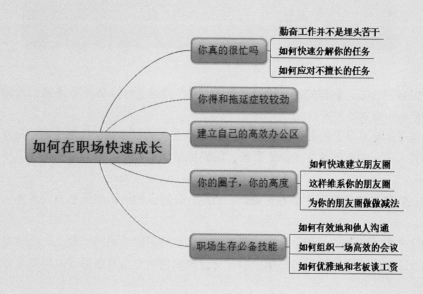

19.1 你真的很忙吗

从进入办公室的那一刻开始，一天的工作就开始了。新的工作内容出现在日程当中，你开始处理各种文件，进行各种会议，又或者泡杯咖啡提神，办公室里只看到你忙碌的身影，可是，你真的很忙吗？

19.1.1 勤奋工作并不是埋头苦干

只要努力工作就能取得职场成功，是很多初入职场的人普遍想法。但是埋头苦干并不意味着能在职场中取得自己想要的那一份成功。

现代职场上甘当老黄牛，整天埋头苦干的人不一定能有所作为了，懂得识别和把握新类型的勤奋工作才是成功的关键。

作为时代的过去，勤奋的定义也早就有了改变。埋头苦干已并不能完全代表勤奋，只能作为体现勤奋的一个重要方式。

埋头苦干不是好员工的表现。现在，职场上很多员工希望用自己的勤奋来引起领导的重视。不过大多数人都对勤奋工作存在一个误区，他们都是认为勤奋工作就是不停地工作，加班加点地工作。

这种认知里的埋头苦干并不等于勤奋，相反，在规定的时间里没有完成工作，是一种效率低的表现。

勤奋工作并不只是埋头苦干。当你还在埋头苦干的时候，不妨抬起头，适当地放松身体，沉下心来在工作中不断地学习和总结经验，充分和合理地利用有限的时间做好更多的工作，以

此提高自己的工作效率。这才是真正勤奋的工作。

一个员工对自己老板提出疑问："从勤奋上来说，我比你要勤奋得多，但是从成功上来说，我则不值一提。这是为什么呢？"

老板听后，觉得很讶异。

"不要用现在的你和现在的我相比，以前我也如你一般勤奋，甚至比你还要勤奋。其实，在职场上勤奋的人很多，我只知道埋头苦干，却见不到成功。所以我学会了思考，思考勤奋，达到了今天的成功。"

老板说："就像你玩 "王者" 一样，你每天都参加对战也未必会提升技能，要想提升英雄本身的技能，就要学会动脑子，要去了解这个英雄。"

很多成功的人之所以成功，其根本原因并不是他们比平常人更加勤奋。

所以说，在现在这个日新月异的社会里，与其默默无闻地埋头苦干，不如多动些脑子。

工作时，请更聪明些，而不只是更努力。

我们的一生只能拥有那么多的日子，而每天就只有 24 个小时。人的时间和精力都是有限的。要更合理、更有效地利用自己所拥有的时间，不是投入更多的精力，因为那样你最终会筋疲力尽。正确的做法应该是你要学会思考怎么聪明地工作，而不是仅仅卖力勤奋地工作。

19.1.2 如何快速分解你的任务

在职场中，你是否也遇到过这样的问题：工作效率越来越低、事情也越积越多。究其原因，是因为你没有将工作任务细化，每天像无头苍蝇一样，找不到工作重点。所以在职场中学会分解自己的工作任务，会成为你快速有效完成任务的关键。

1. 摆正心态，快速做出行动

假如现在有两项工作让你选，一个是打印文件，另一个是写一个项目的策划方案，在其他条件都相同的条件下，你会选择哪个？经调查发现，绝大多数人选择的是"打印文件"，因为"打印文件"这个任务一看就知道怎么做，很容易就能完成，属于简单的任务；而"写项目策划方案"这个任务，它需要使用大脑先进行一番思考，思考具体的操作步骤，将任务分解开来，一步一步地实施，这属于复杂的任务。需要进行分解的任务一定都是复杂的任务。简单的任务一看就知道怎么做，而对于复杂的任务，通常需要先进行一番思考，然后才能做出行动。因为复杂的任务一眼看上去找不出解决的办法，让你潜意识里觉得这个任务执行起来非常困难，所以你的大脑会有意识地选择逃避，从而激发你的懒癌细胞，给你的"拖延症"的发作提供借口，使得你的工作任务越积越多。所以，面对复杂的任务，不要逃避，要摆正自己的心态，快速做出行动，比如查找相关资料，向有经验的人请教等，一味地往后拖解决不了任何问题。在行动的过程中，你的思维会慢慢打开，从而帮助你快速分解工作任务。再复杂的任务，只要你开始"啃"，总有"啃"完的一天。

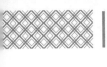

2. 如何快速分解你的任务

分解任务就是把复杂的任务分解成一个一个简单的任务。下面就来简单介绍一下分解的方法。

（1）确定任务的终点。

任务的终点即任务按照要求完成后会收到的成果，确定好任务的终点意味着给任务的分解确定了方向，然后朝着这个最终的成果的方向努力。就像我们平常去旅游一样，都是先确定好去哪儿旅游，然后再选择怎么去。

（2）采用倒序的方法分解任务。

确定好最终的方向之后，开始朝着这个方向行动，根据最终的成果，一步一步进行倒推，就好像写作文一样，不可能看到作文题目提笔就写，你需要先搜集素材形成一个写作思路，然后将写作思路具体化，即列提纲，然后再根据提纲开始一步一步的写。

（3）将分解开的任务按照一定的顺序进行整理。

按照任务之间的联系，以及要求的逻辑顺序将任务串起来。这就相当于我们写议论文时，素材和提纲都列出来了，然后开始按照一定的逻辑顺序，将提纲里列出来的一条条论点和论据（即素材）相结合，最后论证出我们的中心论点。

（4）采用任务分解法控制和监督任务完成进度。

任务分解法，简称"WBS"，是一种对项目进度进行控制的方法。它按照任务相关人之间的充分沟通、讨论等方法，将任务活动分解为一个个具体的结构清晰的小活动，然后对每一项活动设定明确的定义，设定完成期限以及完成标准，从而达到监督和控制工作进度的目的。

按照以上步骤，就可以把复杂的任务快速地分解成我们愿意做的简单任务，从而顺利地完成领导安排的任务。

19.1.3 如何应对不擅长的任务

对于初入职场的新人来说，工作中会遇到自己不擅长的任务是一件很平常的事情。当接受了不擅长的任务，觉得自己什么都做不了的时候，从学校带出来的良好的自我感觉被瞬间摧毁，每天都在焦虑不安。

其实，职场菜鸟会遇到很多因为自身经验不足而无法完成的事情。不过为什么有的人能自如地应对，而有的人却选择了逃避挑战。

下面教大家在职场中如何应对不擅长的任务。

1. 一定要调整好心态

面临自己不擅长的任务，对自己来说其实是件好事。试想，领导让你做没做过或者不擅长的事，原因无外乎两种，要么是很信任你，对你的能力很肯定；要么就是有意培养你。

无论领导是出于哪种意图，最后受益的都是你。把这样的任务当成学习的最佳机会，遇到不懂不会的，积极询问，尽最大努力去解决这件事。

2. 尽力把自己不擅长的工作办好，不失职场修养

什么是自己不擅长的工作？没有做过的，不会做的。人都是有惰性的，对于新事物难免会有害怕接触的心理。以自己不擅长为理由推脱工作，是认为自己没有能力完成，还是自己懒不想学？

只能"潜规则"做得多，出错的概率大，免不了要承担更多的责任。然而在职场上，难免要学会迎接各种新的挑战，如果你只愿意做自己能力范围之内的事情，你就永远没法进步。

3. 深思熟虑，做最坏的打算

当所谓不擅长的工作落到自己身上的时候，请充分相信领导的眼光，对自己说声"加油，相信你是可以的"。

给自己加油，并不是盲目自大。接下来，认真地做好工作方案，并把最坏的打算想到。认真做好准备之后，你就可以按照计划，放手一搏了。

其实，领导也知道你在这件事上是不擅长的，作为领导，他们一定会做好备案。他们最希望看到的就是被激发出潜能的你。

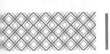

4. 享受过程，不要过度注重结果

日复一日，年复一年的重复着手头的工作，一定是极其乏味的。这时做好一件自己不擅长的事，所能带来的成就感是不可言喻的。人本来就是喜新厌旧的。当你对挑战产生了兴趣，你就会更努力地去做好这件事。此时，结果是否成功已经变得不是那么重要了，请尽情地享受过程吧，会对你的职场生涯产生极大的帮助。

5. 敢于学习新知识

当前，学历重要，但不是最重要的，学习力比学历更重要。在职场需要我们学习的东西有很多，总是抱怨不能成为职场达人，但有各种各样的攻略就摆在你面前，为什么不学呢？少给自己的懒惰找借口，不懂不会的就去学，就学最直接、最有用、最流行的技术和方法，敢于接受挑战，又懂得学习，还会怕又有自己不擅长的事？

其实，只要方法和心态是正确的，即便是遇到不擅长的工作，心情低落消极的人感受到的是困难，而心态积极的人却只能看到挑战的锻炼与激励，最终走向成功。

19.2 你得和拖延症较较劲

在这个现代化节奏越来越快的社会，人们却越来越喜欢拖延。很多人之所以会有拖延行为，都是因为抵制不了外界环境的诱惑。时间往往都是在刷微博，看新闻，逛淘宝，聊天等娱乐活动中悄悄流逝了。当越来越多的人加入拖延队伍，并被拖延所影响，就有了"拖延症"这一群体。"拖延症"就是你明明知道拖延会带来什么样的后果，可还是控制不住自己拖延时间的一种行为。

你真的知道拖延症的危害吗？

有些人可能会认为拖延症无伤大雅，反正大家都有嘛，我也已经拖了这么久了，也没有见造成什么严重的后果！如果你真的这样想，看了下面拖延症的直接危害，你就不会这么说了。

拖延症的直接危害如下。

（1）降低工作效率。对职场人士来说，得了拖延症，最明显的影响就是工作效率低下。开始工作前，如果你把大量的时间都花费在上网、发呆、去卫生间上，那么留给自己的工作时间肯定减少，导致当天的工作不能及时完成。

（2）影响工作质量。一旦把自己的工作时间压缩，到最后时刻你可能就会匆忙完成，草草了事。

（3）破坏团队协作。现在大部分职场人士都是团队运行，因为你自己拖延造成某个工作环节出了纰漏，会破坏整个团队的协作。

（4）丢掉工作岗位。拖延症对职场人士的影响是日积月累的，如果自己的工作长期做不好，还导致整个公司都受到影响，没有哪个老板会任用这种人，毋庸置疑，等待你的将是一封辞退信。

如果你认为拖延症最多只是让你丢掉一份工作而已，不需要那么大惊小怪，丢掉这份就另外再找一份好了。那么首先得恭喜你，心态是挺好的。但是，如果你不加以改正，你能保证你的下一份工作也能保得住吗？拖延症的危害真的没有那么简单！如果不及时克服，它对你的影响将会进一步加深！

拖延症的深层危害如下。

首先，当自己不能按时完成某项工作的时候，长期如此，你会觉得自己是不是太笨了，要不然怎么什么都做不好呢？长期这样也会给内心造成影响，变得不自信，从而怀疑自己的人生。

其次，因为你的拖延，会让自己的事情无法按照自己的意愿去完成，有的时候还会变得很自我。因为你不会对所有的事情都拖延，而是对自己不喜欢的事情拖延。

最后，拖延症可能会妨碍你的心理健康，让你变得焦虑和心理扭曲。你会发现，因为拖延你的上司会责怪你懒，这个时候你会感觉非常厌烦，这其实是一种心理上厌倦的情绪，不管是生气、嫉妒还是嫌恶等都可能引起拖延症的出现。长此以往，你的工作肯定会越来越差劲，然后你就越拖延，形成一种恶性循环，于是你开始否定自己，贬低自己，从而产生焦虑，甚至会有厌世情绪。

其实，拖延症总是表现在各种日常生活小事上，这些危害都是非常直观且真实存在的。但危害日积月累，由小及大，就会影响到个人发展，甚至是心理健康。

你得学会和拖延症较劲！

打开百度，输入"拖延症"3 个字，首先就会跳出拖延症的危害，然后就是拖延症怎么治？从这不难看出，很多人已经意识到拖延症为自己的生活乃至身心都带来了不好的影响，所以想要寻求解决的办法。这其实是一个好现象。有这么一句话，说"当你觉得为时已晚的时候，恰恰就是最早的时候"。我们要学会和拖延症较较劲！

其实有拖延症的人，说白了就是不懂得时间管理。笔者在这里向大家推荐一种时间管理方法——番茄工作法，助你有效克服拖延症！

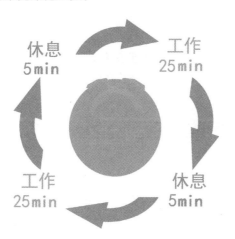

番茄工作法是一种特别简单易行的时间管理方法，它是在 1992 年由弗朗西斯科·西里洛首先提出的。它可以用一句话来概括：专心工作 25min，休息 5min。这里需要强调的是番茄工作法需要把你的工作时间进行分割，借助计时器或者计时软件，设置属于自己的番茄钟，时间为 25min。在这一个番茄钟之内，你专心做一件事，中途不要被任何事打断。等到闹铃声响，就立刻放下手头的工作休息 5min。你可以选择上卫生间、喝水或是听一首歌。等到休息时间到了，你就再继续下一个番茄钟，直到 4 个番茄钟后，你可以选择休息 25min，让自己的大脑也跟着放松。

结合自己的工作时间和工作性质，一般都会把番茄钟定在早上 8:30-11：00 以及下午的

2:30-5:00。没有必要把所有的工作时间都划分到番茄钟里去，要依个人的实际情况而定。

目前，以劳逸结合著称的番茄工作法已经被很多职场人士所推崇，事实证明它对帮助集中注意力，提高工作效率，克服拖延症，有效利用时间有显著的效果。

还有一种有效克服拖延症的方法是"断舍离"法，是教人们如何对生活中的杂物进行管理，里面的方法受到了很多人的认同。其实，它的原理在工作中可以这样应用：

断 = 断掉脑中的杂念

舍 = 舍弃不必要的小事

离 = 脱离周围的诱惑，让自己集中注意力

"断舍离"所倡导的是一种高效的工作方式，让你能够不受到外界环境的干扰，一心一意以工作为中心。断是前提，舍是过程，离是结果。对待工作如同对待一件你的私人物品，你不需要的或是对你没用的，都要大胆舍弃，这样才有充足的时间去做真正该做的工作。

学会这两种方法，你会发现其实拖延症也不足畏惧。下面再向大家推荐几个克服拖延症的小技巧，让你从此真正和拖延症说拜拜！

技巧一：比平时早起半小时到一个小时。不要小看这半小时到一个小时的时间，因为一日之计在于晨，早晨是人的大脑最清醒，精神面貌最好的时候。研究证明，早上的工作效率最高。

技巧二：具体列出每日工作计划表。列每日计划表时一定要事无巨细，通通写出来，这样才有利于番茄工作法的运用。

技巧三：清理装饰办公桌。不要问为什么，等你每天坚持清理完桌子时，你会发现整个世界都美好了，再根据自己喜欢搭配，你会发现你比平时更能好好工作了。

技巧四：工作时切断手机网络。手机里微博、微信或者 QQ 等软件才是分散你注意力的最大凶手。

掌握这些克服拖延症的方法和技巧，临渊羡鱼，不如退而结网，说永远不如做！大家一定要依照个人实际情况灵活运用，让我们一起打败拖延症！

19.3 建立自己的高效办公区

什么是高效的办公区？

在如今这个快节奏的信息时代，我们每天都在紧张而忙碌的工作中度过。我们总有因为问题得不到解决而心情压抑的时候，这时候面对一个杂乱无章的办公区只会使心情更加糟糕，从而进入工作效率更加低的恶性循环。为了避免这种状况的出现，我们需要给自己打造一个高效的办公区。所谓高效的办公区，就是一切所需要的办公物品都是按照一定的规律摆放的，它一方面能够使我们及时找到想要的物品，不至于使我们的工作因到处找东西而显得忙乱不堪，从而提高我们的工作效率；另一方面会使整个办公环境显得整洁美观，让人感觉心情舒畅。这样的一个办公区有没有让你心动呢？下面就让我们开始动手吧！

如何打造自己的高效办公区？

想要办公区让人一眼看上去就被吸引，那些门面上的布置怎么能够马虎？下面我们就从计

算机桌面的设置和办公桌面的布置两个方面来介绍如何打造个人的高效办公区。

1. 高效办公区之计算机桌面的设置

建立高效的办公区，首先得有一个简洁的计算机桌面。工欲善其事，必先利其器。一个简洁的计算机桌面是高效办公的必备武器。那么如何设置一个简洁的计算机桌面呢？

第一步，将桌面上的文件分类整理。

第二步，将不常用的快捷方式删除或移动到【开始】菜单栏或任务栏，桌面上只保留常用软件的快捷方式。

第三步，有规律地命名文件夹。

2. 高效办公区之办公桌面的布置

杂乱无章的办公桌面，会使本来工作压力大的上班一族更加提不起精神，这不仅会影响工作效率，还会影响个人心情。

但如果你的办公桌是这样的呢？

有没有感觉心情很好，想要马上投入到工作中呢？下面我们就来详细讲一下怎样布置你的办公桌。

（1）保持整洁。无论办公桌面上的物品有多少，我们都要按照一定的规律有条理地摆放，给人一种整洁美观的视觉效果。另外，要记得将用过的物品放回原处，否则摆放好的办公物品又会是一团乱地出现在办公桌面上。

（2）将所有小物品放一处。在工作忙碌的时候，我们常会因为不能及时找到所需的物品而烦躁不安。因此，我们的办公桌上需要放一个收纳盒，把日常所需物品都集中放在这里，用过之后还要记得放回原处哦！

（3）文件分类整理。首先我们需要把文件进行分类，同类文件放进一个文件夹里，并在文件夹上贴上标签，方便以后查找资料。另外，我们还可以按照文件使用频率高低的顺序放进文件框里，把经常使用的文件放在距离手近的位置。

（4）合理利用便利贴。便利贴是公认的工作利器，我们可以把需要做的事项按照轻重缓急一条一条地列出来贴在显眼的地方。显示器的侧边就是一个好地方。另外我们还需要一个透明的便利贴留言板，这样既不会把计算机屏幕遮住，又能充分发挥便利贴的作用。

按照以上方法打造自己的办公区，养成分类整理的良好习惯，这样我们就能彻底拥有属于自己的高效办公区了。

19.4 你的圈子，你的高度

所谓"近朱者赤，近墨者黑"，这就是圈子的重要性。跟对人，做对事，或许就是事半功倍。同一个圈子的人必定有一个共同的特性，而身处不同的圈子，则决定着你成就的高度。

19.4.1 如何快速建立朋友圈

我们想的是如何养生，如何聚财，如何加固屋顶，如何备齐衣衫；而聪明人考虑的却是怎样选择最宝贵的东西——朋友。——爱默生

在家靠父母，出门靠朋友。我们每个人都有自己的朋友圈，在现在这个信息大爆炸的时代，朋友圈无疑就是你走向成功的关键。拥有广阔的朋友圈就等于拥有了丰富的社会资源，如果运用得当，它会使你生活的各个方面都便利许多。那么如何快速建立自己的朋友圈呢？下面我们就主要从提升自己的个人魅力和善于表现自己两个方面来给大家详细讲解一下。

1. 提升个人魅力，让更多的人喜欢你

建立朋友圈，在某种程度上来说，就是向你周围的人推销自己。要想结交更多的朋友，首先要注重自己内在的品质，提升自己的个人魅力，让更多的人喜欢你。

做一个满身正能量的人。现实生活中有这样两种人，一种是办事拖沓，没有目标，总是抱怨，满身充满负能量的人；另一种是积极向上，有目标，有追求，并且对事情很有想法的满身充满正能量的人。假如让你在这两种人中选择一个人与他（她）交朋友，你会选择哪个？我相信大家会不假思索地选择后者。是的，"近朱者赤，近墨者黑"，与充满正能量的人聊天交朋友，你会被他（她）那良好的心态所影响，从而受到某种启发，做出正确的判断。因此，做一个充满正能量的人，让更多的人喜欢与你交朋友。

2. 善于经营自己，提升自己的价值

在我们人生的每个阶段，我们都会有很多不同的朋友，但有些朋友慢慢的就不联系了。分析其原因，一方面可能是因为你们的价值观不同，注定做不了长久的朋友；但另一方面也可能是因为对方对你来说已经没有价值了，或者你对对方来说没有价值了。朋友之间是存在等价值交换的原则的，不可能说只是单方面的一味的索取。物以类聚，人以群分，只有提升自己的价值，才有机会结识更多志同道合的朋友。

提升自己的方法有很多，比如说提高自己的道德修养。如果你连做人的基本道德都没有，谈何去结交朋友！提高自己的知识水平。活到老，学到老，丰富的知识可以使你有机会接触到各个领域的人。丰富自己的人生阅历，用你丰富的人生经验和感悟给那些向你求助的人一些指导性意见和建议等。

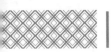

3. 善于定位自己，给自己贴标签

定位自己，即发掘自己擅长的领域，知道自己的价值在哪儿，能给对方带来多大的帮助，从而利用它获得更多的朋友。给自己贴标签，即包装自己、宣传自己，将自己最好的一面展现出来，这样才能吸引更多赏识你、想要与你结交的人。

切忌功利心太重，真诚很重要。浮躁的社会让有些人表现得急功近利，为了达到自己的目的，得到"贵人"的帮助，毫无原则和无底线地去巴结对方，最终只会适得其反。在我们结交朋友的过程中，应该少些功利，多些真诚。中国自古讲究礼尚往来，只要你拿出你的真诚去结交朋友，对方也会还你一份真诚。要以一颗平常心看待你的付出，只要你真诚付出，总会有回报的。

4. 要懂得分享并乐于帮助他人

比尔·盖茨曾说："每天清晨当我醒来，我便思索着如何与他人分享我的快乐，因为那会使我更快乐。"分享快乐，你会收到双倍的快乐。分享在某种程度上来说也是一种给予，想要获得对方的帮助，首先得学会给予，懂得分享。俞敏洪在演讲时曾讲过这么一个故事：大学期间有一个家境富裕的男孩子，每次星期从家回来他都会带上6个苹果，一开始他们同宿舍的人以为是他要给大家分，每人一个（宿舍刚好6个人），后来却发现他是自己一天吃一个苹果，刚好吃一周，大家发现之后并没有说什么，因为那毕竟是人家的苹果，也不能抢了吃。后来他们宿舍人商量想要创业，这个家境富裕的男孩子想要加入，后来经过商量，大家一致认为不能让他加入，只因他不懂得分享。有付出才有收获，如果你想要获得更多的朋友，就要善于分享，甘于付出，乐于帮助他人，当你在分享你的成功经验、分享你的技术的同时，你也会得到他人的信任和尊重。

5. 善于表现自己，让更多的人了解你

在将自己完善之后，我们还需要机会来表现自己，散发个人魅力，让更多的人欣赏你，并想要与你做朋友。

要把握机会，主动出击。上面的几种方法都是教你如何增加个人魅力，从而去吸引对方与你结交，如果只是这些，未免显得太被动了些，我们还需要抓住机会，主动出击，在适当的场合要善于表现自己，向他人传递你的价值。

不要太宅，要多参加聚会。对于刚踏入社会的年轻人来说，参加聚会无疑是他们认识更多人的一个捷径。在你感兴趣的圈子里要多把握表现自己的机会，让更多人的人认识你，欣赏你。

通过朋友介绍结交更多的朋友。物以类聚，人以群分。朋友的朋友一定与朋友有着相似的脾性，或者相同的爱好，那么与你也会有共同的话题。结交朋友的朋友，是快速建立朋友圈最便利的方法，它省去了你与陌生人结交从认识到了解的那一大段时间，并且安全可靠，能够快速获得对方的信任，这样你的圈子也会越来越大。

19.4.2 这样维系你的朋友圈

任何一种感情都需要你投入时间和精力去经营，与朋友之间的关系更是如此。维系朋友圈实质上就是学会如何与他人相处，建立好自己的人际关系。

（1）多联系，多关心。朋友之间若长时间不联系，慢慢的彼此之间的话题也会减少，如果放任不管，你可能就会失去这个朋友。所以我们平时要主动和朋友多联系，多打电话关心一下朋友的近况。朋友间就应该多聚聚，比如说约着一起打球、聊天，增进彼此的感情。

（2）善于倾听。在你的朋友圈里，你不仅要"会说"，还要"会听"。学会在合适的时机发言，发表自己的见解，同时也要学会倾听。学会倾听，一方面指的是在别人面前，你要懂得谦虚，多接纳别人的意见和建议；另一方面指的是学会倾听对方的苦恼，给予对方关怀和帮助。当对方向你倾诉时，你应该开心，因为你的朋友信任你，认为你对他（她）很重要，这时候你应该给他（她）一些真诚的意见或建议，帮助他（她）解决困难或者给他（她）安慰（最起码他（她）认为有用），让朋友觉得你是真的关心他（她）。这样才能对得起朋友对你的信任，从而长久地维持你们的关系。

（3）注重沟通，学会换位思考。与朋友交流沟通，一方面可以使朋友之间互换有价值的信息，互相汲取所需的养分；另一方面也有助于消除朋友间的误解，增进彼此间的感情。因此，当发现问题时要及时地与对方沟通，切不可放任不管，必要时我们也应主动一些，自己先退一步，给彼此一个解释沟通的机会。另外，我们还要学会换位思考，站在对方的角度考虑问题，我们可能会有意外的收获。比如说在向他人推销自己的产品时，你如果能站在顾客的角度考虑问题，即抓住对方的心里，那么你会很成功的将产品卖出去。因此，当我们面对一些难解决的问题时，不如站在对方的角度思考一下，这样不仅有助于双方的沟通与交流，还更有利于创造双赢的局面。

（4）注重仪式感，过节送祝福。遇到一些重大节日，尤其是对方的生日，一定要记得送祝福，这样会让对方觉得你很有心，并且懂礼貌。中国是个礼仪之邦，向来注重礼尚往来，人们之间的关系，也在这一来二去中慢慢熟络起来。所以要注重这些节日，它是一个帮你联系朋友，向朋友表达你的关心与真诚的机会。平常也就罢了，如果在这些节日里你都没给对方送祝福，会让对方觉得你不够重视他，或者不把他当朋友。所以为了不忘记这些节日(主要是朋友的生日)，我们可以把它记在一个本子上，或者在手机里设置一个提醒。在朋友过生日的时候送上自己真诚的祝福，哪怕是发条短信，对方也会觉得很温暖。

（5）尊重对方，欣赏对方。三人行，必有我师。每个人都有自己的长处，并且希望得到他人的尊重和认可。尊重是相互的，只有你尊重了对方，对方才会反过来尊重你。我们都知道三国时期，刘备曾"三顾茅庐"，请诸葛亮出山的故事。其实在刘备之前，吴国的孙权也曾派人去请过，但是诚意不够，被诸葛亮谢绝了。然而刘备却亲自冒着风雪，三次进出茅庐，最终用真诚打动了诸葛亮。之后每有战事，刘备都充分尊重诸葛亮的意见，诸葛亮也帮刘备打赢了不少战事。因此，我们要学会尊重他人，善于发现对方的优点，并懂得赞美和欣赏，这样才能抓住"人心"，那么对方对你的回赠有时候会比你想象得多。

19.4.3 为你的朋友圈做做减法

网络时代加快了我们的交友速度，有些人觉得认识更多的人，多交些朋友，会对自己的事业有帮助，从而盲目地扩大自己的朋友圈，然而我们每个人的时间和精力是有限的，如果你把大把的时间放在你的交际上，还怎么处理你的事业？况且这些朋友中，你又确定有几个是在你需要帮助时，能为你挺身而出的人？所以，朋友在于精而不在于多，是时候给你的朋友圈做做"减法"了。

（1）剔除负能量的人。孔子曰："益者三友，损者三友。友直，友谅，友多闻，益矣。友便辟，友善柔，友便佞，损矣。"孔子教育我们要和正直的、讲诚信的、见闻广博的人交朋友，不要和惯于走邪道的、和颜悦色骗人的、花言巧语的人做朋友。"近朱者赤，近墨者黑"，如果我们整天和充满负能量的人在一起，听着他们的怨言，受着他们消极怠慢的思想影响，久而久之，我们也会变成跟他们一样的人。比如说现在一些政府官员落马，其中很大一部分是因为他们交友不慎，被"朋友"所"坑"，等他们意识到的时候已追悔莫及。所以，从今天起，我们要将那些充满负能量的人从朋友圈剔除出去，慎交友，交友多交益友。

（2）交友讲求"门当户对"，剔除"高不可及"的人。"门当户对"是古时的婚姻观念，讲究的是婚姻双方的社会地位和经济水平必须相当。这种观念有其存在的合理性，包括现在很多人也都讲究这个，不过不仅仅是物质上的门当户对，更重要的是在精神层面上要能达到共鸣，要有共同的话题，要能交流。交友同样如此，人们都说，想要了解一个人的脾性和生活方式，可以看看他（她）身边的朋友，"物以类聚，人以群分"，你是什么样的人，从你的朋友圈就可以看出来，因为只有有着相似的性格、行为习惯和生活方式，即各方面实力相当的人，才更容易走到一起做朋友。试想一下，如果你认识马云，想要与他做朋友，你打算从哪一方面开始你们的谈话，是不是觉得无从下手呢？不是因为你的社交能力不够，而是因为你们的实力相差甚远，思想高度也不在一个层面上，靠什么来拉近彼此的关系？所以不要浪费时间在那些高不可及的人身上，我们要与那些与自己实力相当，或略高一点儿的人多交流。比如说你是刚毕业的大学生，你可以与那些刚入职场的前辈多接触，因为他们正在体验着或刚刚体验过你即将要体验的社会经历，或许能给你一些实用的建议。如果你直接向公司老总请教，那么他们给你的或许是一些人生道理，解决不了你的燃眉之急。

（3）要勇敢说"不"，剔除给你增加负担的人。

在职场中，有些人希望与自己的同事搞好关系，对于同事每次的请求都答应，总是让自己很忙很累。这样的人表面上看起来好像人缘特别好，实则不然。通过这样的方式结交到的朋友，又有多少是真心把你当朋友的？只是增加负担罢了。所以，我们一定要学会拒绝他人，摆脱掉这些不相干的"朋友"。任何人都会衡量自己与身边人的关系，但聪明的人更忠于自我，不会让那些不相干的人打扰到。特别是对于刚进入职场的小伙伴们来说，在你们融入职场新环境的同时，一定要忠于自我，对于别人过分的请求，一定要勇敢说"不"，学会拒绝，否则不仅对你是一种负担，还有可能因为你的能力不够，耽误了同事的工作。所以，我们当下最应该做的就是做好自己的本职工作，利用闲暇时间不断地充实自己，提升自己，让自己更出色，只有这样你才能吸引到与你一般出色或者比你更出色的朋友。

19.5 职场生存必备技能

不论是初入职场还是身居高位，必要的职场技能是每个在职人员必须拥有的。这些规则和技能也因公司环境的差异而显得略微不同。职场技能可以帮助职场人员在公司顺利发展，得到更多的机会，将要进入职场或已经工作的你，先来看看职场新人必备技能吧。

19.5.1 如何有效地和他人沟通

有人的地方就有江湖，有职场的地方就需要沟通。沟通是一门艺术，尤其对于职场人士来说，有效沟通是帮助你纵横职场的一大法宝。不管你是领导阶层还是员工阶层，如果学会有效沟通，都会为你带来意想不到的效果。

不会沟通，难以在职场立足！

提起沟通，很多职场人士可能会认为这不是很简单的事情嘛，不就是说话，谁不会啊？但也有一部分人会认为人与人沟通真的好难啊，尤其是在职场上，因为不知道自己什么时候该说，什么时候不该说，什么该说，什么不该说以及该如何说，等等。一旦你掉入"不会沟通"的困境，你就会深受其害，在职场上也将会难以立足。

1. 降低公司工作效率

假如你是领导，当你向员工传达一项任务时，你肯定希望员工能够很快明白你的想法，并按照你传达的信息迅速展开工作。如果你只是毫无感情地照本宣科任务要求，也不听取员工的反馈意见，不能有效地和员工进行沟通，那么很有可能员工会错误地理解你的信息，从而为工作带来一定的麻烦。如果你是员工，那么你所要沟通的对象不仅有领导，还有自己的同事。现在都讲究团队合作，沟通是团队工作效率必不可少的催化剂。要知道，有的团队运转是环环相扣，缺一不可的。如果团队之间不能做到"心有灵犀"，那么不但会拉低工作效率，还有可能使得整个团队的工作全部白费，从头开始。

2. 阻碍自己升职加薪

在职场上，还是职员占据大多数。职员每天都需要向领导汇报工作，说出想法和计划。和领导沟通也是表达工作能力的一种重要方式。如果领导不知道你内心的想法和计划，就会认为你这个人可有可无，即使你的工作做得很出色，也只能保留在原来岗位，由于你不会沟通，领导会认为你不会处理人际关系，胜任不了高层的工作，你就很难升职加薪。

3. 影响同事人际关系

要知道，不管在任何地方，没有人喜欢不爱说话或是说话不恰当的人。不爱说话你以为是高冷，其实在别人眼里你只是高傲，说话不当就更会引起别人的反感。久而久之，你会发现你没有关系要好的同事，别人都躲着你或是孤立你，导致人际关系极差，领导也不会喜欢这种有沟通障碍的人。

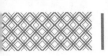
4. 在职场难以立足

由于你不懂得与人沟通，导致领导忽略你，同事排挤你，久而久之你就会对公司产生厌恶感，无心工作，甚至会怀疑自己，心理压力极大，就会想要通过辞职来逃避这种环境，但这是自己的问题，到下一个工作岗位可能也会如此，最会就会导致自己在职场上难以立足。

这些不能有效与他人沟通的危害并不是危言耸听。身在职场，我们会发现有很多很多的问题其实都可以依靠和他人有效沟通来解决，因为你并不是一个独立的个体，总是与他人有着千丝万缕的联系，所以学会与他人有效沟通对你的工作、生活，甚至人生发展都是非常有必要的。

如何进行有效的沟通？

说话容易沟通难，沟通容易有效沟通难。其实，沟通并不是一朝一夕能够练出来的本领，不过你首先一定要敢于表达自己，别怕与人沟通。我们先看一下有效沟通的整体流程：

双方进行沟通时，沟通者将原始信息在头脑中经过语言加工，也就是编码传输给接收者，接收者再对信息进行解读，然后反馈给对方。这看起来并不困难，但到底应该如何做呢？笔者在这里向大家介绍以下四大沟通原则，助你在职场上风生水起。

（1）营造合适的沟通氛围。在职场中只有两种关系，领导与下属，员工与员工。作为领导，在和下属沟通时最重要的就是不能盛气凌人，觉得自己高高在上，要让员工充分感受到理解和尊重，从而营造出一个轻松而又愉快的沟通氛围，这样你再开始安排任务就会简单轻松得多，员工就不会有那么大的抵触和不满。作为员工，要记得领导和同事都不是你的敌人，相互之间不要抱有敌意，在沟通前一定调整好自己的心态。

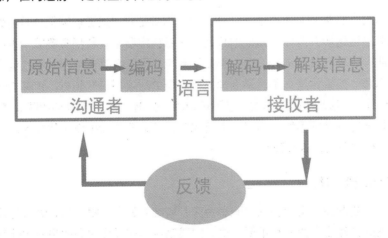

（2）掌握好沟通语言。要想使沟通进行下去，语言是必不可少的，这里不单单指口头语言，它还包括书面语言、肢体语言、表情动作等。我们进行沟通就是为了将你知道的信息成功地传达给别人，并让对方知道你的意图，从而增加双方的交流，传递情感。很多误会都是由说话不当产生的。因为中华语言博大精深，很多时候同一句话在不同的时候说出，它的意思也千差万别。马克·吐温说，恰当地用字极具威力，每当我们用对了字眼儿，我们的精神和肉体都会有很大的转变，就在电光石火之间。所以，在沟通前一点要注意用词恰当、准确，同时语速、表情以

及肢体动作也要恰如其分，和语言搭配一致，领导成功地将上情下传，员工欣然接受；员工很好地将下情上传，领导进行分析决策；员工相处更加默契，合作更加密切，共同为公司良好的运转做出贡献。

（3）把握好沟通技巧。一方面要端正沟通态度，交谈的时候，语气要温和，要耐心，也许对方一时无法领会你的意思，这个时候千万不能急躁，而是要询问对方哪里不明白，然后再做出解释，这样耐心的态度才能被对方所接受。而且，不要急着把你的想法说出来，聪明的人往往是选择先倾听对方的看法，然后针对其中有分歧的地方一一做出反应，这样不仅能让对方感到被尊重，而且也会让他知道你确实是在很有诚意地与自己进行交流，在心理上就会更加容易接受你的说法。另一方面掌握好沟通时机。想想看，如果沟通对象周末正在 HAPPY，结果你要求与他商量工作计划的事，显然不合时宜。所以，要想很好地达到沟通效果，必须掌握好沟通的时间，把握好沟通的火候。

（4）做一个合格的倾听者。卡耐基说，如果希望成为一个善于谈话的人，那就先做一个致意倾听的人。此话强调了在沟通过程中倾听的重要性。沟通是双向的，双方沟通就是为了使意见一致化和目标最大化。就是说，当你表达完你要说的意思时，你是要听取对方的反馈信息的，这样你才能确认沟通是否有效。所以，不要只想着自己说，也要多观察一下对方的反应，多倾听对方的意见。假如意见相左，不要急着否定对方，而是要本着向对方学习的目的，先虚心向他请教，然后再仔细分析一下其中的优劣，同时说出你的想法，相互探讨，这样的沟通才能得到一个更加完美的结果。

所以说，与人沟通并不仅仅是传达的信息，还要传递你的思想与情感，并得到他人的理解与反馈，这才是一次成功、有效的沟通。掌握这些沟通原则虽不能让你立刻成为沟通家，但至少能让你在职场上少碰点灰。

19.5.2 如何组织一场高效的会议

开会，作为职场中最重要的沟通方式之一，只要你处在职场内就几乎无可避免。然而，在当下高速运转的商业世界中，"开会"并不受大家的待见，因为很多会议的时间过长、程序混乱，却又感觉解决不了什么实际问题，得不到什么真正的成果，都是在浪费大家的时间和精力，觉得很多会议根本就是可有可无。其实，这就是现代职场会议的一大问题——低效会议。

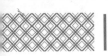

会议低效的原因如下。

1. 会议前准备不足

（1）会场准备不充分。有些会议会用到计算机、投影仪、白板、扬声器等设施，还有会议签到表、会议材料等，如果在会议前没有准备好，等到会议开始再准备就会浪费很多时间。

（2）没有提前通知参会人员与会相关事宜与注意事项，导致会议过程中参会人员手忙脚乱，不知所措。

（3）会议议题、议程、材料没有提前预备，会议主持人、参与人以及记录人等不清晰。

2. 会议中控制不当

（1）会议流程频繁被打断。会议地点选择不当，导致无关人员进进出出，影响会议进程。

（2）会议氛围太紧张。领导太过严肃或者一言堂，不给员工发言机会，导致会议氛围紧张、压抑，参会者都如履薄冰。

（3）会议时间过长。参会者迟到、会议开始不准时、会议拖沓、会议冗长、不能及时结束、控制不好节奏，这都会导致会议时间过长。

（4）会议跑题，议而不决。这在会议中是最常见的一种现象，发言人往往不能围绕主题进行讨论，大部分都是闲谈、乱谈，到最后也没有选出一个有效的决策出来。

3. 会议后缺乏跟踪

很多职场人士都会有一个错觉，那就是认为一场会议散了之后，就算结束了。其实不然，会议结束后，如果没有对会议中形成的决策和计划敲定负责人和时限，并进行监督和跟踪，那么这就是一次没有意义的、失败的会议。

要想组织一场高效会议，你需要知道以下这些内容。

如果你以为开一场失败的、低效的会议只是浪费了一点大家的时间而已，无关紧要，那么你就大错特错了，开任何一场会议，不管大小，不管成功与否，它都是有成本的。我们先看一个公式：会议成本 = 每小时平均工资的 3 倍 ×2× 开会人数 × 会议时间

这是日本著名的关于会议成本的计算公式。其中，公式中之所以要按照平均工资的 3 倍计算，是因为真正的劳动价值往往是高于平均工资的；乘以 2 是因为这场会议可能会被打断数次，会造成一定的损失（时间、思路等），这个损失就按照 2 倍计算。从这就可以看出，一般参与会议的人数越多，会议时间越久，成本就越高。认清这一问题，再组织会议时就会慎重起来。

1. 会议前做好准备工作

在会议前做好准备工作是一个会议能够顺利举行的基础和前提。

（1）明确会议目的。要开有意义的会，就是指要有明确的议题与要解决的问题，并且这个问题是需要大家聚在一起讨论才能够解决的。毕竟开会必须要打断各个负责人手头的工作，而且还占用参会者所有人的时间。如果只是分配任务，那打个电话或是发邮件就可以了。

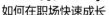

（2）确定参会人员和会议资料。参会人员包括组织者、主持人、会议参与者与记录者。这里需要注意的是，参会人员范围不宜太广也不宜过简，人数要适中，最好 5～7 人。人数太多，意见过于纷杂，不利于统一；人数过少，不利于收集建设性意见。会议资料包括会议讨论资料、会议签到表以及会议设施（计算机、投影仪、扬声器等）。

（3）选定合适的会议地点和时间。 会议室最好不要选在经理办公室，不然容易被打断。会议环境要安静。会议场所要适中，如果太大就显得空旷，难以营造活跃的会议气氛，如果太小就会产生压抑，烦闷的感觉，不利于员工畅所欲言。会议时间要选择合适的时间，可以参照下表。

时间段	员工状态	是否适合开会
上午 8～9 点	心绪混乱，尚未进入工作状态	不适合
上午 9～10 点	进入工作状态，但适合一对一面谈	不适合
上午 10～12 点和下午 2～3 点	头脑灵活、清晰、处于头脑风暴状态	适合
下午 3～5 点	进入倦怠状态	不适合

（4）会议通知要到位。发放会议通知时，为了表示重视并确保参会人员都能够及时收到通知，不能紧靠发邮件或是短信的方式，可以打电话通知并进行现场确认。同时，通知内容要全面，要包括会议时间、地点、其他参会人员、会议议题、议程以及会议时长、要求等，并通知参会人员提前好好准备。

2. 会议中做好控制

在会议过程中，主持人的作用是非常重要的，一定要发挥好协调作用，合理安排会议次序，保证会议有条不紊地进行下去。

（1）严格遵守拟定的会议开始时间和会议议程程序。

（2）控制好会议时长，把控会议进展速度，避免会议时间过于冗长，造成拖沓，要按时结束会议。

（3）把控好会议氛围和会议秩序。营造出一个严谨却又不失活泼，活跃而又不失体统的讨论气氛。会议要平等、尊重、自由发言，积极引导参会者献计献策。同时，要避免会议跑题、会议争吵。

（4）做好会议总结。在会议讨论过程中，要注意对讨论结果进行记录和汇总。

3. 会议后做好跟踪

会议的目的是解决问题，但会议本身解决不了问题，再好的会议也只能得到问题的解决方案。但任何方案，都得靠会议结束后分配给负责人来完成，且必须要有完成时限，这样才能把会议的决策转换为生产力，这样才是一个完整的、有成效的会议，所以做好会议追踪是非常有必要的。

19.5.3 如何优雅地和老板谈工资

职场上，老板喜欢给员工谈情怀，员工喜欢给老板谈工资。相信绝大多数职场人工作的目

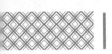
的都不是为了情怀的，所以工资才是最终目的。无论你是求职者还是想要加薪者，薪酬确实是一个永远无法回避，必须要和老板谈论的敏感问题。想要优雅地和老板谈工资，这其实是一场无形的博弈，更是一场没有硝烟的战争。

1. 拥有自己的谈判筹码

两方想要谈判，前提都是要拥有自己的谈判筹码的，谈工资也是这样。很多职场人士都会想在临近年底时，问一下自己是否能够加薪。但当老板问他为什么觉得自己可以加薪，希望自己能够加多少时，他往往回答的却是颠三倒四，要么说现在物价上涨，生活拮据，要么说自己来公司也有一段时间了，应该涨工资了。在这里，笔者要告诉大家的是，关心你生活费够不够的是你的父母和朋友，永远都不会是老板。

2. 个人价值筹码

想要加薪就必须向老板证明你是值得加薪，而不是需要加薪。当你认清自己在公司是不可或缺的，能够为公司创造超过你现有薪金的价值时，才能有底气跟老板谈工资，否则将会适得其反。这个是你和老板谈判的最基本，也是最重要的筹码。要知道，没有哪个老板会为一个碌碌无为、毫无个人价值可言的员工加薪的。

3. 品牌形象筹码

拥有了最基本的个人价值筹码后，还要注意打造属于自己的形象筹码。也就是说，当你向老板要求加薪时，要做好个人形象的塑造，不要不修边幅或是邋里邋遢的去见老板。别小看个人形象分，良好的仪容形象表示出你并没有陷入经济危机之中，你有充分的时间可以进行职业的选择，在谈判中这一点尤其重要。这其实打的也是一场心理战，老板如果不想失去你或者暂时找不到可以代替你位置的人，那么就会考虑你的加薪要求。

4. 附加价值筹码

要记住，附加价值是"压倒你老板的最后一根稻草"。这句话的意思是说，如果你在拥有了前两个筹码之后能够谈判成功的几率是 80% 的话，那么这个附加价值筹码就会助你直接飙到 99%。附加价值说白了就是你做好本分工作之外又做了别的有益于公司的事，不管大事小事都做到出乎老板意料的好，这样的人才老板绝对不会亏待。

掌握这些谈判技巧，助你优雅地和老板谈工资。

有了谈判筹码，如何谈判也很重要。你需要做到的是，既让老板看到你的价值，而又觉得即使降低自己的收入利润也要为你加薪是理所应当的，防止有些老板明明知道你的重要性，还是选择睁一只眼闭一只眼。所以，只有掌握了这些谈判技巧，才能够为你谈判成功打下坚实的保障。

1. 审时度势，主动出击

审时度势是指你一定要看准公司加薪的时间表，在合适的时间、地点向老板提出。这也是讲究"天时地利人和"的。否则，你冷不丁地冒然提出，只会引起老板的反感。大多数公司都会在年底进行业绩评估，年初涨工资，所以你在业绩评估时向老板巧妙提出，依据自己的业绩说话，那么成功的可能性显然就会大很多。主动出击是指想要加薪绝大多数都要靠自己争取，绝大多数老板都不会好心到主动找你聊加薪的事情，毕竟员工成本越低，老板利润就越高。所以，只要你有谈判筹码，那么就大胆主动出击吧。

2. 强调价值，抓住业绩

价值是你谈工资的基础，否则就只能等着老板给你谈情怀了。当老板问你为什么可以加薪时，不要告诉他你有房贷、车贷以及家庭负担等个人生活消费问题，这不是老板关心的问题，你应该向老板展现你的个人价值，证明你的工作能力已与现在的薪酬有了偏差。你的价值得先征服了自己，才能说服老板。职场上，"没有功劳，也有苦劳"的说法显示是很不现实的。

3. 知己知彼，行动攻心

和老板谈加薪前一定要去人事部门那了解一下公司的薪资调整制度，要了解公司目前的财务状况与前景，这样心里才会有个标准，避免出现信息偏差。待你觉得时机成熟时，要从实际行动上打动老板的心，因为绝大多数老板在考虑给你加薪前，都相信"说得好不如做得好"，如果直接开口谈钱，而疏忽了实际行动，一般老板都会以打太极的方式把你提的要求忽略。

4. 切合实际，合理要求

切实估计自己的价值，不能漫天要价。你的价值并不是自己决定的，而是市场决定的。要时刻留意自己在外界市场的身价，了解自己所在的职位与市场行业的工资水平，客观评价自己的能力与期望薪资是否对等。掌握大局，才能有底气和老板谈判。

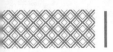
5. 避实就虚，巧妙控制

和老板谈工资时，如果老板询问你的期待薪金，一定不能说具体数字，要留有缓和的余地。一般你自认的价值和老板心目中的价值多少是有点偏差的。先让老板说出他的打算，如果低于你心理的预期，你可以在上面加 20%~30%，这样不容易造成僵局，还能平衡你和老板之间的差距。

总体来说，方法千变万化，但是逻辑却是万变不离其宗的。无论怎样，我们的目的就是加薪，所以你最需要做的就是尽量让自己处在公司一个不可或缺的位置上，用业绩来证明自己的价值，这样你才能拿到与老板谈判的入场券，才有资格与老板谈工资。

第20章

巧用"职场工具箱",工作"通关"So Easy

📖 本章导读

1. Office 和我的行业有关吗?

2. 现在写邮件还有用吗?

3. 如何让想法落地,变成去实施的动力?

4. 怎样有效地安排和管理任务?

🔺 思维导图

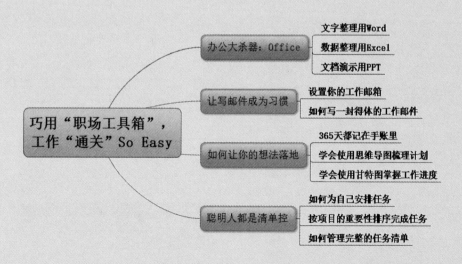

20.1 办公大杀器：Office

职场如战场，工欲善其事必先利其器，想要在职场中求生存，就得具备相应的办公利器。微软公司推出的 Office 办公软件，其常用组件有 Word、Excel、PPT 等，是辅助办公的利器。本节主要从 Word、Excel、PPT 的实用功能出发，结合其各自在办公领域中的应用实例，让读者对其有基本的认识。

20.1.1 文字整理用 Word

办公软件 Word 主要用于文字的编辑处理。在 Word 的不断更新演变中，其强大的文字处理功能有利于建立高效美观的文档；同时其人性化智能化的功能可以提高工作效率。

1. 编辑排版功能

编辑排版功能是 Word 的基本功能。通过输入文字、选择字体颜色和大小、设置段落格式、设置页面布局、添加目录和页眉页脚等这些基本操作，帮助实现对文档的编排。

Word 的编辑排版功能在行政文秘管理领域得到了充分的发挥。比如用 Word 制作招聘简章、培训资料。另外，在人力资源管理领域也可以用 Word 制作合同、委托书等。

2. 强大的制表功能

Word 自带的插入表格功能，不仅可以自动插入表格，而且用户也可以手动绘制自己需要的表格。Word 中的插入表格功能可以设置边框样式、进行单元格的合并和拆分、利用公式进行简单的计算、添加底纹美化表格等，可满足用户多样化的表格制作需求。

Word 强大的制表功能在很多领域都有应用。比如在行政文秘管理领域，可以用 Word 制作员工通讯录；在市场营销领域，可以用 Word 制作产品销售统计简报、市场调研分析报告等。

3. 图形插入功能

使用 Word 的图形插入功能，可以编排出一个图文并茂的电子文档。Word 不仅可以插入图片，还可以插入图表、组织结构图、艺术字、文本框等，并且可以根据需求对这些插入的图形进行编辑，比如可以调整图形大小、设置文字环绕方式、在图片上输入文字等。

Word 提供的图形插入功能在各个领域都有广泛的应用。比如在行政文秘管理领域，可以使用 Word 制作公司简报、项目投标书；在市场营销领域，可以使用 Word 制作产品宣传单；在财务管理领域，可以使用 Word 制作公司财务分析报告等。

4. 自动更正功能

Word 提供有自动更正功能，如果文档里出现拼写和语法错误，Word 会自动标记出来，并提供修改意见。另外文档编辑好之后，Word 还可以自动编写摘要。这一智能化的功能节省了大量校对的时间，大大提高了工作效率。

Word 的自动更正功能是在编排任何文档时都需要用到的功能，尤其是在人力资源管理领域和行政文秘管理领域中，管理者在

制作一些比较严谨的工作文档时，Word 的自动更正功能就显得尤为重要。比如，制作公司管理制度、制作合同书等一些公开的文件。

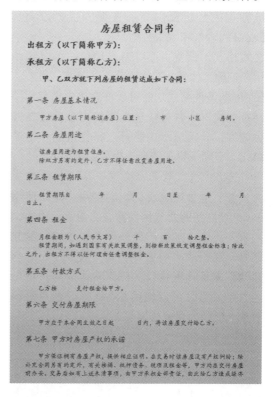

5. 超强兼容性

Word 支持多种不同格式的文档，也可以通过 Word 将编辑好的文档以其他格式保存。Word 的兼容性为 Word 与其他软件之间的结合使用提供了方便。

6. 丰富多样的模板和帮助功能

Word 提供有各种文档格式的模板，满足多样化的模板需求。另外还可以根据自身需求，自定义文档格式。在使用过程中遇到不会的问题时，选择 Word 的帮助功能，能快速找到解决的方法。这样一方面有利于提高 Word 软件的使用效率，另一方面也有利于自学。

20.1.2 数据整理用 Excel

Excel 是在办公过程中经常使用到的表格制作软件，它可以进行各种数据的处理、统计分析和辅助决策操作，广泛地应用于管理、统计财经、金融等众多领域。

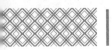

1. 建立电子表格

Excel 以表格的形式将数据集合在一起，给数据的分析提供更加直观的视觉效果。Excel 的输入和编辑数据、插入行与列、设置文本格式、设置页面等基本功能，可以帮助用户创建工作簿、工作表等电子表格。另外，Excel 的条件格式功能可以将表格中具有相同特征的文本或数据快速地查找出来，提高办公效率；分级显示功能可以将复杂的表格简单化，有利于更加清晰地查看数据内容。

Excel 建立电子表格这一基础功能在人力资源管理领域有着广泛的应用，比如使用 Excel 建立招聘之费用预算表、面试评价表、人事变更表、加班统计表等各种表格。除此之外，在行政办公领域，可以使用 Excel 创建会议室使用安排表、日程安排表等；在市场营销领域，可以使用 Excel 创建客户资料清单、促销项目安排表等。

人事变更表

序号	工号	姓名	变更事项说明	变更日期	备注
1	1001	张珊	升职	2016/1/1	
2	1002	高玲珍	离职	2016/1/13	
3	1003	肯扎提	调换部门	2016/2/4	
4	1004	杨秀凤	离职	2016/2/24	
5	1005	许嫣	离职	2016/3/18	
6	1006	于娇	离职	2016/3/27	
7	1007	江洲	升职	2016/5/20	
8	1008	黄达然	离职	2016/5/22	
9	1009	冯玖	离职	2016/5/29	
10	1010	杜志辉	离职	2016/6/5	

2. 数据的计算和分析

Excel 数据计算和分析的专业性是可以与相关的专业数据处理软件相媲美的。Excel 的计算功能非常强大，其包含的多种函数计算公式可以使数据计算更加准确；Excel 的数据分析功能主要依靠数据的排序、筛选和分类汇总等具体的功能来实现，另外需要强调的是 Excel 的数据透视表，它是 Excel 中最强大的数据分析工具，它可以使用户更加方便地查看数据信息，并对数据进行分析和计算。

数据计算和分析功能是 Excel 的主要功能，并且在各个办公领域都有广泛的应用。比如在行政办公领域，Excel 可以用来制作差率报销单；在市场营销领域，Excel 可以用来制作产品销售分析表、库存周转率分析表；在财务管理领域，Excel 可以用来制作财务明细查询表、财务比率分析表等。

财务明细查询表

凭证号	所属月份	总账科目	科目代码	科目名称	支出金额	日期
1	1	101	101	应付账款	¥89,760.00	2016/1/24
2	3	102	109	应交税金	¥31,500.00	2016/3/12
3	3	203	203	营业费用	¥66,000.00	2016/3/27
4	5	205	205	短期借款	¥23,780.00	2016/5/10
5	6	114	114	短期借款	¥95,000.00	2016/6/17
6	6	504	504	员工工资	¥125,500.00	2016/6/24
7	6	301	301	广告费	¥40,000.00	2016/6/29
8	7	302	302	法律顾问费	¥42,000.00	2016/7/3
9	7	401	401	员工工资	¥38,700.00	2016/7/12
10	8	106	106	员工工资	¥89,460.00	2016/8/15
总计					¥641,700.00	
检索信息	6	检索结果	125500			

3. 制作图表功能

Excel 常用的图表类型有柱形图、折线图、饼图、条形图、散点图、面积图和组合图等。用户可以对图表进行编辑，包括设置背景、图例、标题，添加文字、图片等。将数据以图表的形式展现出来，有利于更加直观地分析数据，不同的图表用于不同的数据分析，比如折线图可用于分析数据的变化趋势。

制作图表功能是 Excel 的一大功能优势，这一优势在市场营销领域和财务管理领域得到了充分发挥。比如，在市场营销领域，使用 Excel 制作客户销售份额分布表、产品销售占比分析表、季度销售分析表等；在财务管理领域，使用 Excel 制作年度预算表、公司财务状况分析表、公司盈利能力分析表等。

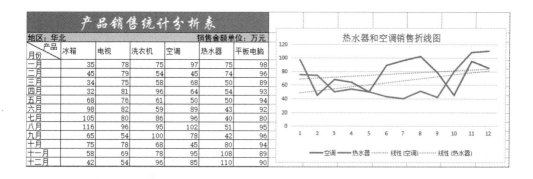

4. 数据网上共享

在制作表格的过程中,我们可以使用 Excel 的超链接功能获取互联网上的信息,也可以将制作好的工作簿设置成共享文件,保存到互联网的共享空间中。

20.1.3 文档演示用 PPT

Microsoft Office PowerPoint 是微软公司的一款用于制作演示文稿的软件,简称 PPT,通常在投影仪或者计算机上进行演示。PPT 制作的文稿通过集文字、图形、图像、声音以及视频剪辑等多媒体元素于一体的动态媒体形式,将需要表达的内容展示给观众,让观众更加直观地接受和理解制作者传递的信息。

1. 制作 PPT 演示文稿

演示文稿的制作是 PPT 的基本功能。通过设计演示文稿模板、录入文字、设置字体等具体的功能,帮助用户制作出清晰、美观的幻灯片。

PPT 的演示文稿制作功能的应用涉及办公的各个领域。比如在人力资源管理领域,可以制作公司培训 PPT、招聘简章 PPT;在行政文秘管理领域,可以制作商品展示 PPT;在市场营销领域,可以制作产品营销推广方案 PPT;在财务管理领域,可以制作年度财务报告 PPT 等。

2. 插入图形图表功能

PPT 的图形插入功能不仅可以插入图片,还可以插入艺术字、文本框、自选图形、剪贴画、组织结构图等多种图形,并对这些图形进行编辑。另外,也可以使用PPT制作图表,比如制作柱状图、折线图、饼状图等,这样有利于创建图文并茂的更具表现力的演示文稿。

PPT 的插入图形和制作图表功能在市场营销和财务管理领域有着广泛的应用。比如,可以制作项目资金需求 PPT、新产品发布 PPT 等。

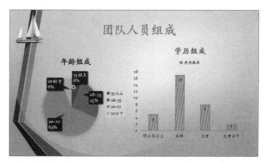

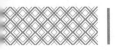
3. 添加音频、视频功能

PPT 视频和音频的添加：一般通过插入命令，将事先准备好的文件插入到文档中，然后通过 PPT 控制其播放和暂停；也可以通过其他方式添加视频和音频，通过 PPT 实现更多的操作。当插入文件过大时，可以使用 PPT 的超链接功能，实现幻灯片与幻灯片之间，幻灯片与互联网之间的自由转换。

PPT 的插入视频和音频功能有利于增强演示文稿的表现力和感染力。这一功能在一些需要演讲气氛的场合得到充分发挥。比如在人力资源管理领域，可以制作述职报告 PPT；在行政文秘办公领域，可以制作商品展示 PPT。

4. 添加动画和切换效果

使用 PPT 制作演示文稿时，为了达到装饰美化或者强调某个对象的作用，可以使用 PPT 的添加动画效果和切换效果功能。在添加动画效果时，选择自定义动画，可以根据不同需求设置进入、强调和退出效果。比如，进入和退出的动画效果有飞入、百叶窗、盒状等；强调的动画效果有彩色波纹、加粗显示、更改字号等。另外，还可以对这些动画效果进行编辑，比如设置效果开始时间、持续时间、速度以及多个动画效果之间的先后顺序等。PPT 提供了多种幻灯片切换效果，比如水平百叶窗、盒状收缩、横向棋盘式、平滑淡出等。另外，还可以设置切换效果的速度和声音，选择间隔几秒之后自动换片或者单击鼠标时手动换片来设置换片方式等实现多张幻灯片之间的切换。

设置动画效果和切换效果功能是 PPT 的一大功能优势，并广泛应用于各个办公领域。特别是在市场营销领域，PPT 的这一功能显得尤为突出，比如制作品牌推广 PPT、产品市场分析 PPT、产品营销推广方案 PPT；另外，在行政文秘管理领域也有比较广泛的应用，比如制作公司十周年庆典活动 PPT、迎检汇报 PPT 等。

20.2 让写邮件成为习惯

电子邮件是工作过程中不可缺少的一个与他人交流沟通的工具。对于职场人士来说，写一封得体的工作邮件，是职业生涯中的必修课，因为它不仅代表你自己的专业素养，还代表了公司的形象。尤其是对于职场新人来说，写好工作邮件会更有利于你获得老板的青睐，从而得到晋升的机会。

20.2.1 设置你的工作邮箱

参加工作之后，通常会需要一个工作邮箱，用来与他人交流、传送文件等。我们常用的工作邮箱一般有 QQ 邮箱、网易的 163、126 邮箱等。下面我们就以 QQ 邮箱网页版为例,来给大家介绍一下如何设置工作邮箱。

设置好名称以后,就可以开始收发邮件了。但是在 QQ 邮箱中,有一个被很多人忽略的【体验室】选项,里面隐藏着一些特别适合职场人的功能:【邮件置顶】【重要邮件识别】。

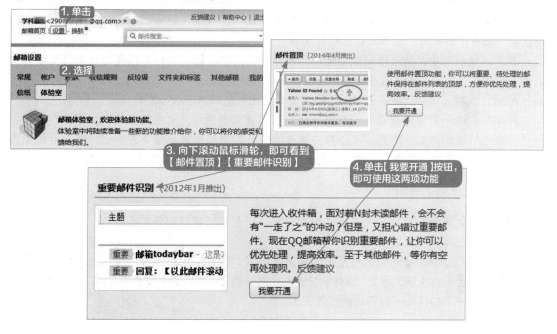

20.2.2 如何写一封得体的工作邮件

职场如战场,写好工作邮件会成为你在工作中所向披靡的一把利器。电子邮件是人们在工作往来中经常使用的交流工具,一封得体的工作邮件,不仅能很好地将个人素养体现出来,在对方心中树立良好的形象,而且也有助于保障双方交流沟通的有效性,从而提高工作效率。刚进入职场的小伙伴们可能会觉得写一封工作邮件很容易,但是要写好它,还需要我们用心去学习,其实它与面谈一样,也是有很多学问和技巧的。

1. 不是所有的事情都适合用电子邮件沟通

在工作过程中，我们会遇到各种各样的事情，但并不是所有的事情都适合用邮件去沟通，我们要学会灵活运用邮件，在遇到不同的问题时，要根据实际情况采取不同的沟通方式。

首先，重大事情的讨论不适合发邮件，重大的事情一般都需要会议讨论。可以在会议开始前，发送邮件通知会议参与者参加会议的时间、地点以及一些会议注意事项。在会议结束后，发送会议记录给各个参与者，也方便自己以后查看。

其次，复杂有争议的事情只适合面谈，不适合发邮件。因为这种事情用邮件来回交流多次也不一定能解决问题，不仅浪费时间，还会影响工作效率。

最后，用两三句话就能说清楚的，不需要电子留档的事情一般不发邮件。

用邮件沟通一方面能帮助我们避免在面对面交流或电话沟通时受其他因素的影响，漏掉相关重要事项的说明；另一方面，可以将沟通过的内容以书面形式记录下来，也方便以后相关内容的查找。比如说向领导进行工作汇报时，用邮件沟通就能方便领导更有效、更集中地处理。

2. 如何写好工作邮件

想写好一封邮件，要多站在对方的角度想想，把自己想象成邮件的接收者，你希望你收到的邮件是怎样的呢？

一封得体的工作邮件可以保证双方沟通的有效性，给对方带来益处的同时也方便了自己。一封工作邮件主要由主题、正文、附件、收件人 4 部分组成。下面我们就主要从这 4 个部分着手，来给大家分析一下如何写一封得体的工作邮件。

（1）邮件的主题。

邮件的主题是收件人最先看到的信息，并且收件人会根据主题提供的信息来判断这封邮件是否重要，是否紧急。所以为了避免收件人将我们的邮件当作垃圾邮件来处理，我们一定要重视邮件的主题。

第一，主题要言简意赅。收件人查看邮箱时，第一眼看到的便是你的主题，主题起到提示和概括邮件内容的作用。若主题文字太多，一方面会影响收件人对你这封邮件重点内容的理解；另一方面，当在手机上查看邮件时，主题可能显示不全，影响收件人的理解。所以邮件的主题要切中要害，突出表明这封邮件的主要内容。

第二，可以适当使用一些特殊符号（叹号或者字母大写等），若是同级之间也可以提到对方的名字。比如，李晓，快看 ××× 的比较。

第三，一封邮件尽量使用一个主题。使用多个主题一方面容易使得主题太长，导致对方忽略掉某方面的重要信息；另一方面容易造成邮件混乱，也不方便自己以后查找。所以一封邮件尽量写一个主要内容。

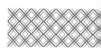

第四，在回复对方的邮件时，一定要根据自己回复的内容查看主题是否合适。若不合适，可以进行适当的修改。

（2）邮件的正文。

正文是邮件发送人向收件人传达的主要信息，主要由称呼、内容以及签名档3部分组成。

第一，称呼。邮件的开头要写称呼，像给对方写信一样，在开头要称呼对方，比如王先生、李经理等，然后另起一行写上问候语，我们通常用的是"你好！"或"你好！"，这样一方面会显得我们有礼貌，尊重对方；另一方面也向对方提示说这封邮件是写给他的。

第二，内容。正文的内容要直奔主题，要先点明自己想要表达的中心思想，接着再展开论述，但内容不可太过烦琐。若内容较多，可以使用一级标题、二级标题，将内容层次分清楚，方便收件人理解，又或者在内文里做一个简单的介绍，然后添加上相关文档的附件，一起发给对方。对于内文的格式，需要注意以下几个问题。

字体一般采用的是宋体、五号（或小四号）字，这种格式对方看着不会觉得厌烦或不舒服。重要的内容可以使用加粗或者其他颜色字体着重强调（一般使用红色）。

行间距一般最好设置为1.2倍，并且段落之间要空一行，避免对方产生视觉疲劳，适当的间距给对方大脑一个休息缓冲的时间，使得对方更好地理解你所传达的信息。另外在电子邮件中，每一段的开头不需要空两个字，段首顶格写。

内容要通俗易懂，最起码要让对方理解。这要求我们在写邮件时在用词方面多使用朴实的词汇，不需要使用修辞；在使用标点符号时，第一是要保证标点符号的正确使用；第二是尽量少用问号、叹号等带有语气的标点，容易造成误解，因为一个句子用不同的语气来读，表达的意思也不同。

第三，签名档。电子邮件的签名档就相当于书信的落款，一般包括个人姓名、公司名称、地址、联系方式、座右铭等，这主要是为了让对方方便联系你。根据不同的接收对象可以设置不同的签名档。另外要注意签名档的字号，其字号要比正文的字号小。

（3）添加附件时需注意的问题。

第一，在邮件发送之前要查看附件是否已添加。

第二，添加附件时，要记得在正文里向对方说明一下共添加了几个附件，并对附件内容做下简要的说明。

第三，附件数量过多时要打包，压缩包里包含的附件的数量要在内文里告知对方。

第四，若附件是特殊格式时，要在内文里告知对方，并说明需要使用什么软件打开。

（4）邮件的收件人。

收件人，即邮件的发送对象。在邮件发送之前要想好是发送给谁，又需要抄送给谁，然后相应地从通讯录里添加上去。收件人一栏的信息一定要在邮件其他部分都写好之后再填写，以免失手点错发送。（发送者和发送的对象是邮件的双方当事人，抄送的对象只需要知道了解邮件的内容，但并不需要对邮件里所谈论的内容做出回应。）

另外要注意在邮件发送之前一定要检查一遍再发送；谨慎使用群发和统一回复；邮件中要避免错别字和语法错误。

20.3 如何让你的想法落地

现在很多职场人士在工作中都是"思想上的巨人，行动上的矮子"，有很多想法，但不付

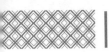

诸实施，那就等于是空想，白白浪费你的宝贵时间。有想法就一定要将想法落实到具体工作中，也可以先记录下来，要知道灵感都是稍纵即逝的。

20.3.1 365天都记在手账里

"手账"一词起源于日本，包含日记、日程本、计划簿、通讯录，甚至包括发票搜集、名片会员卡收纳、生日提醒、料理知识记录、旅行记录等记录本。

刚刚进入职场的你，身边应该有这样可以随时记录工作任务信息的记录本、日程本。在了解它的价值以后，学会正确地使用它，不仅可以帮你更好地工作，完成各项任务，而且能够改善你的一些生活习惯！

1. "好记性不如烂笔头"

从上学到工作，你总会听到别人说起"好记性不如烂笔头"这句民间谚语。老师提醒我们，拿起笔，记录课堂的知识点要比记在脑子里管用。作为职场新人的你，每天增加的工作任务接踵而来，单凭你的大脑来记忆，相信很快就会因为琐碎的事情而忘记，等到需要却想不起来的时候，带来的后果自然是严重的。如果你将每一件新的任务都用笔记录下来，或者记录在电子设备当中，当你忘记的时候，就可以第一时间拿出来翻看！

2. 你第二个大脑！

大脑除了记忆以外，最重要的功能就是可以进行思考。而记录本却可以成为帮助你思考的"第二大脑"！

当你将各种计划以及备注全部罗列进记录本以后，就已经进行了一次粗浅的思考过程。在你打开记录本的时候，每看到一项内容，你就会思考这项任务应该完成的时间，任务需要准备的材料，这是记录本间接地促使你进行的第二次思考。每当记录本上的内容进行一次调整，大脑就会进行一次相应的思考。

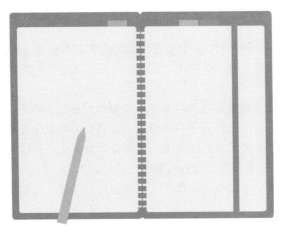

记录本不会主动"思考"，但是它却可以帮助你进行思考。

1. 准备一个你喜欢的记录本

既然是要无时无刻陪伴在身边的记录本，一定要满足两个要求：便携、易保存。当然，现

在存在的各种可以安装在手机上，带有记录功能的 APP 也是一个可以替代记录本的选择。但是，这些电子设备会存在丢失资料的风险，还是谨慎选择。

2. 时刻牢记最初的梦想

扉页是对图书首页下面第二页的统称，而且大多读书的人都喜欢在扉页写下自己的座右铭或者警句！我们暂且将记录本封面下面的第一页，也称为扉页。

在扉页上写下你的梦想，不仅仅是要和其他的记录本区分开，更重要的是，每当你打开这个记录本的时候，你就会看到自己发自内心的梦想。它就像是一个无时无刻都在提醒你的"警示灯"一样，督促着你去努力！

3. 从此刻开始，记录每一份的努力

每一天睡觉前，都在记录本上写下你今天为了实现梦想做出的努力，哪怕再小也要记录下来！这就是你实现梦想"高楼"的一块"砖瓦"！

然后再写下，明天你计划做的事情，做到心中有数！

4. "吾日三省吾身"

"吾日三省吾身"是思想家曾子的至理名言，你一定听说过，也一定知道它的意义。你使用记录本的很大意义就在于，你能够随时翻看，进行反思。除了临时性的翻看以外，你还需要一个固定的时间进行阶段性的反思，这个时间可以是一周、一月，但是一定要保持固定的时间。

翻看之前的记录，可以让你看到自己距离实现梦想的距离，也可以让你了解到自己已经付出的努力，让你实现梦想的脚步走得更加有信心、更加轻松！

20.3.2 学会使用思维导图梳理计划

对于你来说，思维导图这个词或许很陌生，更不要说使用它了！而我要告诉你的是，你完全不用担心，接着往下看，你就会发现原来它就在我们的身边！

思维导图：又称脑图、心智地图、脑力激荡图、灵感触发图、概念地图、树状图、树枝图或思维地图，是一种图像式思维的工具。思维导图是使用一个中央关键词或想法引起形象化的构造和分类的想法；它用一个中央关键词或想法以辐射线形连接所有的代表字词、想法、任务或其他关联项目的图解方式。

看了上面关于思维导图的专业术语，是不是有了一个大致的了解？简单来说，思维导图就是一种思考工具。你可以把思维导图看作是一棵大树的树枝，它跟大树一样，不是一下子就成型的，是需要从一颗种子（想法）开始，逐渐生长出来的，直到"大树"生长完毕，思维导图才算是成型了。

1. 制作思维导图

思维导图的制作方法以及工具有很多种，在这我们来学习一个最简单的方法，应用 Windows 10 系统自带的"画图"软件，以完成"一日工作计划"为例，画出一个简单思维导图。

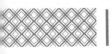
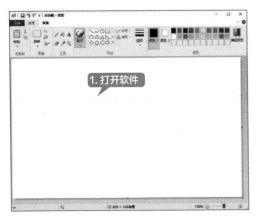

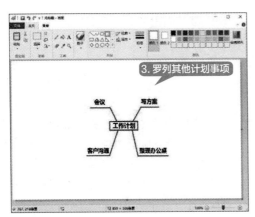

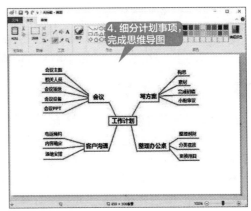

经过这几步之后，思维导图算是基本完成了。这个时候，你就会发现，原来一天的工作计划所需要完成的任务都已经展现出来了，接下来要做的就是一个个去完成！

2. 使用思维导图

在将这个"一日工作计划"的思维导图绘制出以后，你就要根据思维导图，结合实际的工作安排，对自己的计划进行一个梳理。

（1）整理计划排序。

在思维导图上，所有的工作计划都是同时展现在你的面前，但是在实际工作中，实施计划需要进行一个先后顺序的调整。调整这些计划的先后顺序，除了根据时间以外，也可以根据计划的重要程度进行安排。

（2）调整计划内容。

计划赶不上变化，在你的工作经历中，肯定会遇到各种预定好的工作计划因为其他的原因而暂停执行的情况，而接下来的各项工作也要因此而跟着发生改变。这个时候，参照思维导图，就可以直接、快速地对各项计划的时间、内容进行调整，保证各个计划顺利开展。

20.3.3 学会使用甘特图掌握工作进度

首先，来了解下什么是甘特图：甘特图（Gantt Chart）又称为横道图、条状图(Bar Chart)。其通过条状图来显示项目名称、项目进度以及其他和时间有关的内容的进展情况。

甘特图是一种将工作项目（计划）图形化的工具，简单易用，并且有大量的制作软件支持。甘特图的应用范围也十分的广泛，除了最常用的管理项目以外，还在建筑、IT 软件、汽车等行业广泛应用。

接下来，我们就先来学习制作甘特图，然后再说如何使用甘特图。甘特图的制作工具有很多种，包括 Microsoft OfficeProject、GanttProject、VARCHART XGantt、jQuery.Gantt、Excel。

在这我们来学习一个最简单的方法，应用 Excel 2016 制作甘特图。

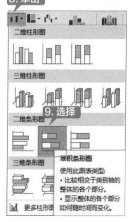

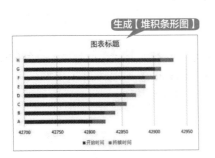

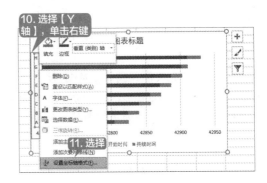

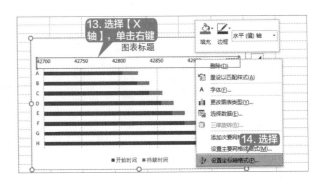

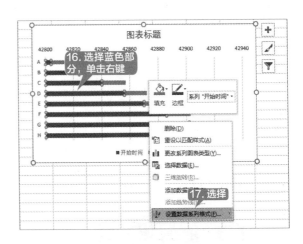

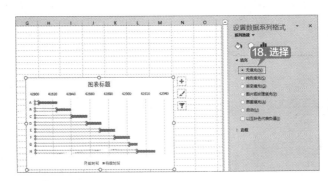

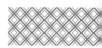

最后，单击 B 列，重新设置单元格格式为日期，根据需要调整图表大小，完成甘特图效果。

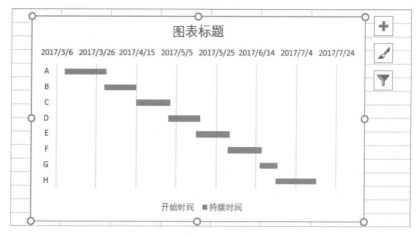

当完成这一步的时候，一张简单的甘特图就算是完成了。

有了甘特图以后，首先要确定甘特图上的各个"属性"：包括日期、工作（任务）名称、所用时间等相关信息，这样才能将工作计划的每一个进度都掌握住。并且，可以随时采取必要的措施，对工作的计划时间进行调整以保证工作的顺利进行！

使用甘特图，除了可以迅速地掌握当前工作任务的进度时间，还可以在甘特图上进行相应的修改、备注，不断地完善工作计划。

掌握以上这些方法，不论工作还是生活，你的计划都会变成可以看到的一个个的小任务，一步一步去完成它，就能实现你的梦想，让你的想法落地！

20.4 聪明人都是清单控

面对工作中累积成堆的任务，你是否会觉得无从下手，觉得每天时间都不够用，效率低且工作压力巨大。其实最根本的原因在于你不懂得安排任务，聪明的人会选择将自己的任务按照重要程度进行分类，然后再将这些任务一个一个消灭掉。

20.4.1 如何为自己安排任务

职场上的新人，在进入工作后不久就会遇到各种各样的问题，其中最大的问题就是不会安排自己的任务：部门主管要你做一件事情 A，小组负责人告诉你必须完成任务 B，而你自己手中还有一两件任务没有做完，一长排的任务急待解决，终于在各种任务同时涌现的时候，你已经手足无措，甚至到了崩溃的边缘！

于是，你开始选择逃避，离开，然后进入另外一家企业，可是这样的情景依旧会重复出现。这是职场新人遇到的典型问题：不知道如何合理安排工作任务！

1. 不会安排任务，职场生活严重受挫

（1）无法展现自身价值。

你刚进入一个新的公司，会遇到许多的任务，抱着多干一点就会多学一点的态度，同时进

行多个任务，心里想着这是在增加自己的"附加值"，也在向老板证明自己有多么的积极努力，结果，当一天的工作结束时，一个任务也没有完成。

但是，如果你站在一个老板的角度考虑，当他决定聘用你的时候，一定是因为你的某个方面与公司的发展需要相匹配，才给了你相应的岗位。你首先要做的，就是证明自己能够高效独立地完成自己当前岗位的工作任务，尽快地展现自己身上的价值，这才是作为一名职场新人最首要的事情。

（2）无法快速成长。

作为一名职场新人，在什么都不懂的时候，就会以为只要是领导、同事交代的任务都要去完成，即使加班到很晚也觉得是正常的情况。其实很多时候并不是这样的，即便你是新人，也要学会区分任务，尽量以自己职责范围内的任务为先，没分清主次你只会做一些不属于你该完成的任务，虽然这也没坏处，但是这会浪费你更多时间去提升自己。

（3）工作效率低下。

不能将工作当中的任务进行合理的安排，势必会导致任务无法在工作期间完成，而一些职场人就会抓住工作外的时间来弥补。但是在这个时候，原本预定好的生活娱乐休息活动，就会受到严重的影响，甚至是全部取消，身心无法得到很好的放松，导致工作效率低下，如此反复，工作生活已经混乱不堪，哪里还谈什么工作效率！

这些因为没有恰当安排自己工作任务而导致的问题，只是职场新人遇到的诸多困扰之一，可见学会合理为自己安排任务是多么重要。

2. 如何安排工作任务

工作安排的合理得当，不仅可以提高工作效率，快速地进入工作状态，而且能够更大限度地挖掘个人潜能，使自己得到快速的成长！

在工作当中，遇到的工作任务不可能都是单线进行的，许多时候都是两件甚至更多的任务在同时进行，这就需要我们在认识自己能力的基础上，对工作任务以限定时间以及任务重要程度进行选择性的安排。

（1）根据自身的能力，安排任务。

为自己安排任务的前提是，这些任务自己都可以通过努力来完成。而这个前提，就是自己

需要对自己的能力有一个准确的把握和定位。

举个简单的例子：一个工作 5 年的销售人员，对于各种产品的推销，肯定是他最擅长的事情；如果你给他一堆衣服的布料，要他制作出一件精美的服装，那他肯定是完成不了，因为制作衣服不在他的能力范围之内！

所以，在诸多的任务安排前，将自己能够完成的任务排在前面，快速地完成这些任务，是一个更加合理的任务安排方法。

（2）按照时效性安排任务。

工作任务往往讲求时效性，你在面对大量的任务时，除了考虑自己的能力以外，时间就成为另一个安排任务的衡量标准。在短时间内能够完成的任务，应该优先罗列出来，并且高效完成它，可以为自己空余出更多的时间和精力，集中解决其他更加烦琐的任务。

每个工作任务都有一个时效，也就是这个任务需要在多少时间内完成！限定时效的任务，自然要将它们排在所有任务的前面，在规定的时间内将这些任务完成，这是对身在职场的你最基本的素质要求。

（3）借助各种工作管理软件，安排任务。

科技在不断的进步，职场白领的办公条件也在不断的提高，更加高效、快捷的办公辅助软件应运而生，这其中就存在几种可以进行工作任务安排以及管理的辅助软件。

北森推出的国内第一个企业级工作计划管理平台，它无须安装，用户只要访问其服务网址 tita.com，注册账户后就能享受到便捷的云服务。工作开始之前在平台上写下自己的日、周、月度、年度计划，结束一天的工作之后可以在平台上写日报，做总结，并能一键通知上级查看，可以帮助你以一种更加简易的方式安排任务。

EssentialPIM 是一套免费的个人时间日程安排软件，它具有相当方便的操作界面，让使用者能够对所排定的行程一目了然。每一个事件允许使用者进行夹档，让你可以把会议结果、计划案等数据附带于该记录中。用户以后能够直接对所输入的数据进行搜寻，让你不论在何时都能够找到该事件发生时的一些特定信息。

另外还有一些管理记录任务的手机 APP，也可以方便我们安排自己的任务。

在职场生活中，学会合理地安排任务，不仅可以让你快速撕掉"新人标签"，而且能够让你在众多的职员中脱颖而出，成为一名优秀的职场人。

20.4.2 按项目的重要性排序完成任务

身处职场时，你肯定会遇到以下手忙脚乱的时刻：主管丢给你一个工作 A，告诉你上午必须交上去。过了一会儿，经理也给你安排了另一个任务 B，告诉你要尽快完成。然而，你手里还有你的顶头上司交给你的本职工作 C。这时你该怎么办？

1. 你需要为你的项目排排序

遇到多个任务同时涌来的时候，相信很多职场新人的内心一定是一团糟，觉得好像哪一个都需要尽快完成，哪一个都很重要。结果，你在做着这个项目的同时，心里还在想着另一个任务，结果一天的时间过去了，然而你什么工作都没有做好。当你去汇报工作时，主管交代你上午就要完成的工作 A，你完成一半；经理交代你需要尽快完成的工作 B，你完成三分之一；而你的本职工作 C，却才刚开了一个头。最后你会发现，这样既耽误了自己的工作时间，又妨碍了工作进度，忙活了一天，结果不管是主管还是经理，还是自己的顶头上司都没有给自己好脸色看。

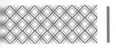
　　这里就暴露出一个职场新人最大的问题，就是当许多任务一起出现的时候，分不清轻重缓急，结果往往是自己也辛苦工作了，却得不到表扬，甚至还会受到批评，更严重的是由于你工作没有及时完成，可能还会害得自己丢了工作。

　　聪明的你可能会发现，这里有一个小细节，那就是项目 A、B、C 其实是有轻重缓急之分的。A 是上午完成（非常重要），B 是尽快完成（重要），而 C 既然是本职工作（很重要），那就是需要当天完成即可。

　　其实我们可以很快就能给项目 A、B、C 排一个顺序出来，那就是（非常重要）A>（很重要）B>（重要）C，然后你也很快能明白自己到底应该先做哪一个工作。这其实就是笔者想要给职场新人们普及的一个重要点，那就是一定要按照项目的重要性排序完成任务，这样才能够最大效率地完成工作。

2. 如何按照项目重要性为任务排序

　　首先我们要了解一下排定优先等级的关键是什么。到底什么是重要的事情？什么又是紧急的事情呢？其实这并没有什么限定的标准，还是要个人结合实际工作内容来看。一般来说，能为个人或公司增值的工作、或者与核心价值观相关的、法律规定要求的以及能提升个人核心竞争力的事项都属于重要事情。所谓紧急事情，是指有时效性、必须立即处理的或者可能引起严重后果或者损失的事项。

3. 牢记"象限法则"，使项目重要程度一目了然

　　把工作按照重要和紧急两个因素进行划分，大致可以划分为以下 4 个"象限"。

　　从图出我们可以看出，这 4 个象限分别是：
第一象限 = 紧急且重要的事情
第二象限 = 重要但不紧迫的事情
第三象限 = 不紧急也不重要的事情
第四象限 = 紧急但不重要的事情

　　因此，我们在工作中处理任务时，就可以按照"象限法则"的处理顺序进行优先级排列：紧急且重要的事情 > 重要但不紧迫的事情 > 紧急但不重要的事情 > 不紧急也不重要的事情。

　　象限法则的原理其实是时间管理方式中的一种。职场人士心中要时刻保留着这 4 个象限，才能防止在多任务涌现时，出现手忙脚乱、不知如何是好的状况。这样不仅能够提高自己的工作效率，还能够在领导心目中留下勤快、聪明的好印象，有利于以后职场的升职和加薪。

4. 巧用任务管理软件，为项目重要性添加标签

毋庸置疑，互联网信息技术的发展，为我们的生活以及工作都带来了很大的便利。而专门为多任务管理而开发的软件，也为职场人士带来了诸多方便。

今天、本周、本月该做哪些事情？哪些任务优先级高，哪些任务完成了？针对这些，你的任务管理软件通通都能够搞定。软件可以对你的工作任务进行计划、重要性排序、提醒以及进度跟踪。习惯使用这些软件后，你会发现你工作喜欢遵循"要事第一"的原则，通过软件界面你也能够对事情的轻重缓急一目了然。

一般常用且好用的任务管理软件是 OA 办公系统 eteams，喜欢的可以去自行下载，笔者在这里就不多做赘述了。

总体来说，不管你使用任何方法，如何给自己的工作任务排序，其实你的最终目的还是提高自己的工作效率，合理利用工作时间，能够在一定的时间内完成更多的工作任务，这样就能够为你以后的升职加薪之路做好铺垫，让你在职场中不再被动。

20.4.3 如何管理完整的任务清单

毋庸置疑，列出一份任务清单是非常必要的，它最大的特点就是建立起你的强行动性，让你更清晰、更明了地知道自己需要完成哪些任务，同时还能够让你保持完成任务时的激情和动力，从而提高你的工作效率。

1. 做好任务清单分类，列出必办事项和待办事项

任何任务都会有轻重缓急之分，在你的任务清单上要区别对待。对一些任务要进行整理、抛弃和重构。意思就是说，要把你的清单上划分出两大模块：必办事项和待办事项。你的列表应该根据实际情况随时进行更新。遵循必办事项优先的原则，每当完成一件任务时，要随时将它从你的列表处划掉或清除，否则它会阻碍你的下一步行动任务。

2. 做好任务规划，部署下一步行动

列好任务清单之后，并不意味着你就可以放任不管了，你还必须要做好任务规划。任务清单只是列出来你需要做的任务，而任务规划则是需要你将单一任务的所有资料都放在一起，然后进行整理、分析和规划，最终得出一个行动结果。做任务规划时，我们可以借助一定的方法和工具。笔者在这里向大家介绍一种心智图规划工具，可有效帮助大家对任务进行合理的规划。

心智图是一种可以辅助人们思考的工具，随着时代的发展，人们逐渐把心智图工具运用到任务规划当中。

心智图的整体结构很像一个人的心脏以及周围血管图，它是靠一个中央图和一条条小支脉连成一个整体，这里的小支脉就是一个个任务关键词。我们会发现掌握心智图工具后，不管是使用纸笔还是手机、计算机，都能够快速地将你头脑中的任务资料进行恰当的处理，并且一眼就能够看出你该做什么任务。

3. 选择合适的媒介，保证你的任务清单列表随时可见

要列出任务清单时，你可以选择手写或使用任务清单软件，不过前提是你选择的这个媒介必须能让你随时查阅和记录工作清单。只有你的任务清单整日出现在你的眼前，才会给你强烈

的紧迫感，才会防止你在工作中偷懒或者懈怠。大多数人都喜欢使用随身携带的小笔记本，不过你也可以借助计算机或者手机里的一些软件，如日事清、滴答清单等。这些软件版本可能会有不同，但操作和原理基本上都是万变不离其宗的。下面笔者给大家简单介绍一下安卓版滴答清单软件，方便大家理解并加以应用。

使用滴答清单软件的主要步骤如下。

（1）创建清单。

（2）设置任务的优先等级。

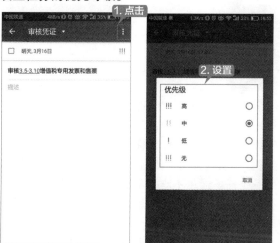 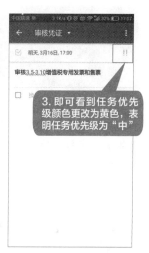

（3）任务的排序。

 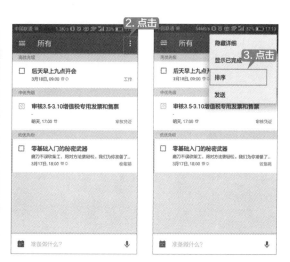

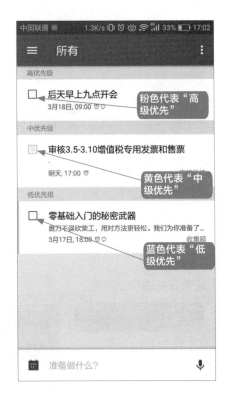

　　上面是创建一个任务清单的步骤。当你有多个任务时，只需按照上面的方法另行创建即可；然后再根据任务的重要程度进行优先级排序。这样就能让你的思维更有序、有效地运行，在需要的时候提醒你工作，在任务当中能够让你看清重点，让你的工作开始变得 So Easy！

　　所有的方法都是知易行难，做好一个任务清单不难，不需要花费太多的时间和精力，但是要管理好自己的任务清单却没有那么容易，它需要你投入思考，一步一步地去实施，慢慢培养成习惯。一旦你养成了在工作中使用任务清单的习惯，成为一个名副其实的清单控，你就会发现你的工作会变得越来越顺利，越来越有条理，最终你会发现，你收获到的不仅仅是一个好习惯而已。

后记：天下没有干不好的工作

很多人每天都忙着找工作、换工作，总认为现在待的地方不够好，认为离开就是最好的改变，却从不会去想为什么适合别人的环境，就是适合不了自己？实际上，如果想通过改变环境来做好一份工作，不如改变自己。

工作是人生价值的体现，是人生的存在形式，不管你在哪里工作、为谁而工作，你首先是"工作"，把自己应该做的事情做好，然后才是为谁而工作的问题。无论我们从事什么工作，都应该对自己的工作充满强烈的责任感，不拖延懈怠，不能应付了事。公司支付给我们的是金钱，而工作所赋予我们的是可以终身受益的能力，只盯住工资而愤愤不平的你，怎么能看到工资背后的成长机会呢？

下面就是最重要的问题了，我为谁工作？

其实答案已经很明显了，我们是在为自己而工作。当明白了这个道理以后或许就该抓紧调整自己的心态，树立起一个正确的理念。在此基础上，才会有合乎实际的心态，从而才会以正常的心理对待工作、对待同事、对待人生。

大多数人工作效率低下、质量不高的本质原因是不负责任，工作拖拉，由于疏忽导致工作质量差、数量少、进度慢，最终原因就是责任心的缺乏。因此，培养自己正确的价值观，做到爱岗敬业，就显得尤为重要，当将爱岗敬业当作人生追求的一种境界时，就会倍加珍惜自己的工作，并抱着知足、感恩、努力的态度，把工作做得尽善尽美，从而赢得别人的尊重，取得岗位上的竞争优势。

也许有人会认为自己没有能力；所谓能力，简单讲就是做事的本事、才干，是实现理想、落实责任、做好工作的保障。虽然说并非所有人都能立马拥有这种能力，特别是对于一些新手来说，他们想要把工作做好，但是却缺乏相应的能力，没有做到"工欲善其事必先利其器"。如果明知不会，却不学习或者逃避，肯定不会拥有这把"利器"，从大范围来说，这也属于缺乏责任心。

那么，通过对本书的学习，相信每一位立志干好本职工作的办公人员都已经掌握了其他高手的办公经验，为自己磨好了一把"利器"，那么，在这里就先祝愿每一位办公人员可以在职场中走得更顺、更远，创造出适合自己的舞台。

最后，记得把工作当成有意义的事，把与同事合作看成一种缘分，把与顾客合作当成与伙伴会面，当成乐趣。在工作中不断思考，工作将变得无比快乐！要知道没有干不好的工作，只有不负责的人！